Les Trois Réalités

Pour Comprendre

Collection dirigée par Jean-Paul Chagnollaud

L'objectif de cette collection *Pour Comprendre* est de présenter en un nombre restreint de pages (176 à 192 pages) une question contemporaine qui relève des différents domaines de la vie sociale.

L'idée étant de donner une synthèse du sujet tout en offrant au lecteur les moyens d'aller plus loin, notamment par une bibliographie sélectionnée.

Cette collection est dirigée par un comité éditorial composé de professeurs d'université de différentes disciplines. Ils ont pour tâche de choisir les thèmes qui feront l'objet de ces publications et de solliciter les spécialistes susceptibles, dans un langage simple et clair, de faire des synthèses.

Dernières parutions

Alain DULOT, *Ce que penser veut dire. Essai*, 2013.
Claude-Michel VIRY, *Guide historique des classifications de savoirs*, 2013.
Maixent LOUBASSOU-NGANGA, *L'immigré et la gestion du patrimoine*, 2013.
André MESIN, *De Smith à Marx : deux approches du capitalisme*, 2013.
Xavier BOLOT, *Comment représenter l'action. Le bonheur d'appliquer les sciences de la vie aux arts du vivants*, 2012.
Thomas SEGUIN, *Le postmodernisme. Une utopie moderne*, 2012.
Nicolas BALTAZAR, *La place des salariés dans l'entreprise de demain. Que cache la rationalisation des entreprises françaises ?*, 2012.
Denis MONNEUSE, *Les jeunes expliqués aux vieux*, 2012.
Gérard PARDINI, *Grands principes constitutionnels. Institutions publiques françaises*, deuxième édition, 2012.
Bernardin MINKO MVE, *L'anthropologie*, 2012.
Georges M. CHEVALLIER, *Systèmes de Santé. Clés et comparaisons internationales,* nouvelle édition, 2011.
Charles KORNREICH, *Une histoire des plaisirs humains*, 2011.
Jean-Jacques TUR, *Les nouveaux défis démographiques, 7 milliards d'hommes... déjà !*, 2011.

Xavier BOLOT

Les Trois Réalités

physique, perçue, représentée
ici, maintenant, évolutions

L'Harmattan

Du même auteur

Dessiner en Perspective Réelle, *une nouvelle approche de l'espace, naturelle et d'application immédiate,* L'Harmattan, 2007.

La Lumière Neutre, *une nouvelle approche du dessin et de la peinture apportée par les sciences du XXIè siècle,* L'Harmattan, 2009.

Comment Représenter l'Action, *le bonheur d'appliquer les sciences de la vie aux arts du vivant,* L'Harmattan, 2012.

5-7, rue de l'École-Polytechnique ; 75005 Paris
http://www.harmattan.fr
diffusion.harmattan@wanadoo.fr
harmattan1@wanadoo.fr
ISBN : 978-2-343-02759-3
EAN : 9782343027593

- *« Il n'a pas le sens des réalités. »*

- *« Mais de quelles réalités parlez-vous ? »*

A mes enfants Emeric et Laetitia

Premières réactions

« Un manuscrit qui fourmille d'idées. »
Jean-Pierre Cohen-Addad, professeur émérite des Universités, Physique, Grenoble, auteur.

« Ce texte m'a passionné. »
Jean-Charles Stasi, journaliste, auteur.

Plan du livre

Ière PARTIE
Nos perceptions sont des illusions

IIème PARTIE
Nos représentations sont des fantasmes

IIIème PARTIE
Nous sommes le monde physique

IVème PARTIE
Les trois réalités ici et maintenant

Vème PARTIE
Réalités et sociétés en évolution

Réalités et Vérité

Les institutions au pouvoir de toutes sortes veulent nous faire croire à leurs vérités, et normalisent pour ce faire le langage.
Mais les conventions sociales de représentation du monde ne reflètent qu'un aspect des choses.
De plus, le temps passant, les peuples avec leurs institutions, leurs coutumes, leurs croyances et leurs vérités disparaissent.
La Vérité irremplaçable d'aujourd'hui et d'ici est donc une manipulation. Nous laisserons ces artifices aux soins des politiciens illusionnistes et des métaphysiciens amateurs de l'idée de l'existence d'un arrière-monde.

Nous vivons en effet sur Terre, avec trois réalités, physique, perçue et représentée. Nous constaterons alors que nos perceptions sont des illusions, que nos représentations sont des fantasmes et que nous sommes nous-mêmes le monde physique.
C'est bien naturel, car nous avons bien un cerveau gauche et un cerveau droit, notre cerveau anticipe, il est orienté vers l'action, et c'est ainsi que nous avons survécu.

Est-ce vraiment compliqué ? Peut-être, mais nous devons bien tenir compte du fait que nous fonctionnons comme cela : notre corps agit et notre cerveau fantasme.

Peut-être, certaines de nos convictions vont-elles s'effondrer, peut-être nous faudra-t-il du courage pour affronter ce nouvel univers, mais nous allons y gagner un nouvel outil d'aide à la recherche.

Les trois réalités apparaitront au final comme les sources d'une pensée équilibrée dans un regard multiple et croisé qui nous permettra d'avoir la vue la plus riche et la moins incomplète possible des choses.

J'ai déjà abordé dans mes trois précédents ouvrages cette notion des trois réalités. J'ai démonté le mécanisme de la perspective telle que nous la percevons, j'ai indiqué le caractère neutre de la lumière, j'ai proposé un processus de représentation de l'action.

Mais j'ai pu constater, au cours de rencontres, par un recadrage à la lumière des neurosciences de notions aussi fondamentales que l'émotion ou la conscience, à quel point nos croyances en une vérité sont restées ancrées en nous.

Une croyance a ceci de spécifique d'être logiquement totalement injustifiée et de ce fait indéracinable par un raisonnement quel qu'il soit. La croyance fait partie en effet de nos affects.
Arracher une croyance à quelqu'un revient à le désorienter et à le détruire psychologiquement. Ceci explique les guerres des clans ou des religions du Livre les plus violentes et les plus incompréhensibles. Seule la mort peut permettre à Roméo et Juliette de se rejoindre, ou autoriser palestiniens et juifs à être honorés dans la même terre, à moins qu'un pouvoir politique n'en décide autrement lorsque le roi Henri IV déclare « Paris vaut bien une messe. »

La croyance permet souvent d'organiser sa vie sans trop réfléchir.
Les religions du Livre accentuent cette dépendance du fidèle en cultivant l'image du chaman père sauveur de l'enfant démuni de forces physiques, d'expérience, de savoir et de jugement. Le croyant est infantilisé au point qu'il ne voit pas ce qu'il a sous les yeux.
Notre culture occidentale est encore profondément imprégnée des traces des religions du Livre qui représente le moindre effort de représentation du monde.
Un écrit de référence, comme le petit livre rouge de Mao, contient la Vérité, une, incontournable, aux mains des mediums qui en détiennent le sens et entretiennent soigneusement un pouvoir total sur les esprits et sur les corps.
Mais il en va autrement dès que l'on réfléchit. Chacun sait que nous avons des yeux pour voir, des oreilles pour entendre, un nez pour sentir, des capteurs pour saisir la nature qui nous environne et dans laquelle notre substance même est immergée et en échange permanent.

Notre corps capte et rend à tout instant de l'énergie.
Que percevons-nous du monde physique qui nous entoure ?
Par quels moyens puis-je comprendre, c'est-à-dire me représenter ce que je ressens ?
Comment puis-je communiquer, me faire comprendre au sujet de ce que je ressens ?

Répondre à ces questions est trop compliqué pour le croyant qui ne veut pas être remis en question. Alors il préfère rester aveugle. Son imagination remplace sa perception.
La réalité perçue est celle que nous avons sous nos yeux, équipés ou non d'un microscope, d'une lunette astronomique ou d'un compteur Geiger, ou encore les yeux fermés.

Quel est donc l'objet physique ? L'objet physique dont la seule présence me change chimiquement comme cette lame de couteau, laquelle, passant devant mes yeux, accélère mon rythme cardiaque.
Mais deux personnes ne percevront pas le même bleu, ne détecteront pas la même odeur.
Moi-même ne percevrai jamais deux fois les mêmes choses.
Je pourrai trouver l'eau chaude après avoir eu les mains dans l'eau froide et l'eau froide après avoir eu les mains dans l'eau tiède.

Il existe donc un monde physique différent de notre monde le la perception, lequel, nous le savons, n'est pas toujours fidèlement représenté par nos discours, nos dessins ou nos gestes.

Nous vivons avec trois réalités, nous ne sommes pas face à une vérité, c'est-à-dire à une référence conceptuelle incontournable.
Ces trois réalités sont la réalité physique, la réalité perçue et la réalité représentée.
Ce propos est fortement déroutant pour certaines personnes.
Je me souviens d'une journaliste l'air inquiet m'interrogeant ainsi « *Mais où voulez-vous nous emmener ?* » ou bien de cette première présidente de cour d'appel, à laquelle je montrais les piliers curvilignes d'une cathédrale, me demandant l'air déroutée :
« *Monsieur, dites-moi ce que je dois voir.* »

J'ai donc pensé nécessaire de consacrer un ouvrage à cette question des trois réalités afin qu'elle soit bien comprise comme une question fondamentale pour tout un chacun dans sa vie courante. Les illusions d'optique ne surprennent pas les physiciens ou les artists confrontés couramment à ces phénomènes dans leur travail. Cependant avoir conscience de la réalité à laquelle je fais référence à chaque instant de mon discours me permet d'éviter les malentendus et favorise l'articulation et le développement d'une idée.

Approche

Je n'ai pas cherché ni à couvrir ni à traiter tous les sujets d'un savoir encyclopédique décoratif.
J'ai cherché en quelques pages à montrer, dans un langage simple, une vision décloisonnée de la vie nous permettant de mieux nous situer et à poser des questions qui portent d'ordinaire à confusion.

Je n'ai pas cherché à tout *expliquer*, c'est-à-dire à enlever les plis et à rendre tout plat, entreprise vaine sans la participation du lecteur.
J'ai voulu simplement tenter d'*impliquer* le lecteur pour le mettre en mouvement de façon autonome, et lui permettre d'avancer dans une démarche de découverte perpétuelle de la vie, pour l'immerger dans la vie.
C'est pourquoi une quatrième partie de ce texte a été consacrée à des exemples pratiques du quotidien prosaïque ou philosophique.

Je n'ai pas écrit un roman qui berce les heures qui s'écoulent dans une douce moiteur.
La minute présente vécue par toutes les fibres de mon corps est la plus importante des minutes et nous pouvons en faire le bonheur de nos questionnements quotidiens d'une vie sans cesse renouvelée.
A la réflexion, les paradoxes proposés, les réflexions évoquées d'origines diverses mais convergentes, pourraient être des paradigmes dans le monde postmoderne qui vient et qui nous apporte des bouleversements comparables à ceux que la modernité provoqua au moment de la Renaissance.

Nous assistons en effet à l'évanouissement d'un monde aux institutions dépassées qui continuent d'édicter des lois inadaptées à la cité, d'un monde aux écoles désuètes.
Cette érosion des idées convenues, toujours davantage décalées, désenchantent nos vies en proie à un étrange cauchemar.

C'est pourquoi il nous faut maintenant participer à une passionnante aventure, celle de vivre un nouveau monde avec l'énergie de la jeunesse qui nous emporte vers de nouvelles régions d'espoir.

Ière PARTIE
Nos perceptions sont des illusions

« Vanité des vanités et tout est vanité »
L'Ecclésiaste, I,2. (-IIIème)

Introduction - Notre réalité mouvante

Certains malades mentaux, comme les schizophrènes, sont persuadés que leurs perceptions visuelles ou auditives hallucinatoires ne sont autres que la réalité. Ils ne font pas la distinction entre réalité physique et réalité perçue. De plus ils n'imaginent pas que leur perception puisse être une illusion.

De même, dans sa vie quotidienne l'homme normal a vite fait de supposer a priori que ce qu'il voit, ce qu'il entend, ce qu'il sent, correspond à une réalité solide, à une vérité incontestable des choses.
Mais au même moment il aura la faculté d'adapter son comportement à un changement de perception, il remettra alors en question sa représentation des choses pour emprunter un nouveau chemin et percevoir les choses encore différemment.
Sa nouvelle réalité sera une nouvelle interprétation de ses perceptions, c'est-à-dire une nouvelle représentation du monde.

La perception a lieu en présence de l'objet.
La représentation est construite en l'absence de l'objet.
La représentation est construite sur des perceptions mais aussi à partir d'autres facteurs comme la mémoire ou le but poursuivi.

Les illusions sont inhérentes à notre constitution biologique et à son fonctionnement. Notre corps a pour ambition, selon Spinoza, de persévérer dans son être, c'est-à-dire de survivre, ce qui veut dire aussi dans le meilleur environnement possible et dans les meilleures conditions.
Dans ce contexte, notre système visuel n'est pas un appareil photographique. Si notre œil contient bien une lentille, notre rétine et notre système visuel anticipent et transfigurent le monde pour porter notre action salvatrice.

Chapitre 1
Les causes naturelles des illusions

1.1 L'homme et ses capteurs

Protagoras (-490, -420) aurait été une partie de sa vie portefaix de Diogène Laërce. Il était esclave lorsque Diogène l'a acheté après avoir remarqué son habileté à lier et délier les charges qu'il portait. Protagoras suivit Diogène comme élève et laissa dans les mémoires quelques principes dont « L'homme est la mesure de toutes choses ».
Disant cela, Protagoras préfigurait le renversement apporté par Kant qui mettait l'homme dans sa finitude au centre du monde, et, en ce sens, préparait la voie des phénoménologues.
Mais l'homme n'est pas standard, il est divers. Si je suis la mesure de toute chose, comment ma mesure, à commencer par ma perception des choses, pourra-t-elle être celle de mon voisin que je sais si différent de moi ?

Je peux très bien aller dans une cathédrale ou un musée mais ne rien comprendre, ne rien voir, du fait de ma culture particulière.
C'est bien à cet effet que son constitués des corps de guides conférenciers, formés à l'histoire de l'art, polyglottes, pour faire visiter les monuments européens aux touristes qui viennent pour apprendre à voir ce qu'ils ne voient pas, ce qu'ils ont sous les yeux et qu'ils cherchent à voir.
La cathédrale de Bourges est la jeune sœur de la cathédrale de Paris. Les deux cathédrales ont été construites, sur des plans très voisins, les deux archevêques Sully étant frères. Bourges du fait de l'expérience de la construction de Paris, et d'un nouvel effort d'innovation, présente l'avantage de n'avoir ni transept ni tribunes mais une double volée d'arcs boutants permettant de maintenir l'édifice.

Cette architecture a pour conséquence d'offrir des nefs latérales de 21 mètres de haut avec un effet d'optique saisissant : le visiteur en effet ne voit pas des piliers droits verticaux et convergents vers le haut mais des piliers courbes et divergents vers le haut.
Dès lors, force est de constater qu'il existe plusieurs réalités, à commencer par une réalité physique des piliers construits verticaux et droits et une réalité perçue celle des piliers que nous voyons courbes.

Ce phénomène s'observe couramment partout, de façon plus ou moins nette en fonction des proportions des volumes, et en particulier dans les rues des centres de San Francisco, ou de New York.
Ce phénomène perceptif est dû à notre système oculaire constitué de deux yeux sphériques suffisamment proches pour que notre monde visuel soit assimilable à une surface cylindrique.
Nous reviendrons plus bas rapidement sur cet éclatement de la réalité sachant qu'un livre *Dessiner en Perspective Réelle* a été consacré à ce thème pratique.

Donc voici une première cause pratique de nos illusions perceptuelles, celles fabriquées par nos capteurs sensoriels qu'ils soient la vue, le toucher, l'odorat, nos sensations musculaires : en un mot le fait que nous soyons homme tentant de saisir le monde à travers le prisme de nos capteurs sensibles.
Mais interviennent de nombreux autres facteurs qui nous apportent une saisie de l'information sur le monde extérieur, particulière, variable et changeante.

1.2 Les mesures que je prends dépendent d'algorithmes

D'abord certaines mesures sont différentielles, c'est-à-dire qu'elles ne peuvent être que comparatives.

Je suis ébloui par la lumière du jour quand je remonte de ma cave sombre dans laquelle je discernais cependant parfaitement des objets.

Lorsque je suis dans un train arrêté à la gare, j'imagine que mon train démarre lorsque c'est le train voisin qui démarre en sens inverse de l'autre côté du quai.

Lorsqu'une tache violette est à coté d'une tache orange, le violet me semble plus bleu et l'orange me semble plus jaune.

Par ailleurs nous sommes très habiles à discerner un angle mais pas une distance. Nous voyons immédiatement si un cadre sur un mur n'est pas horizontal, à un quart de degré près, mais nous faisons une erreur de près de vingt pour cent lorsque nous comparons un segment vertical à un segment horizontal de même longueur physique, ce dernier nous semblant plus court.

Enfin nous imaginons aussi des situations qui ne reflètent pas nos sensations.
J'ai la sensation d'avoir les mains mouillées en faisant la vaisselle alors que je porte des gants.
Dans le brouillard les voitures me semblent éloignées alors qu'elles sont toutes proches, ce qui est très dangereux. Nous avons là un exemple de système de perception construit en dépit du bon sens, n'en déplaise aux philosophes finalistes et déterministes.
Pangloss faisait déjà remarquer que le nez n'a pas grandi sur un visage pour y poser des lunettes puisque les lunettes n'existaient pas.

1.3 L'interaction de mon corps avec l'environnement

1.3.1 Je change chimiquement en présence de l'objet

Le vivant, que ce soit une simple cellule ou un corps complexe, est constitué d'une enveloppe et d'un milieu interne. Son enveloppe est poreuse et un échange permanent d'énergie et de composés chimiques a lieu avec son environnement. Des portes s'ouvrent et se ferment en fonction des besoins de la cellule vivante.

L'effet de ces échanges est celui de maintenir constamment dans une plage d'équilibre les paramètres chimiques du milieu interne en échange permanent avec l'extérieur. Nous savons tous, à notre échelle corporelle, que si notre sang ne contient pas les bonnes proportions d'oxygène, de potassium, de sucre, de graisse, etc., nous sommes en en danger de mort.
Ainsi toute modification brutale de l'environnement peut changer mon équilibre interne, lorsqu'il manque de l'oxygène, ou que des gaz toxiques sont répandus, ou lorsque la température externe est telle que je peux me déshydrater ou au contraire geler, etc., et il en est de même quand apparaît soudainement un objet dans mon environnement.
Face à l'irruption d'un objet mon cerveau donne l'alerte, mes glandes surrénales déclenchent de l'adrénaline et mon cœur se met à battre la chamade, mes mains deviennent moites et une série de dispositifs internes se mettent en place.

1.3.2 L'objet perçu n'est alors plus le même

Ayant changé chimiquement sous l'effet de l'adrénaline, mon organisme ne percevra plus les mêmes choses de la même façon.
Je ne vais plus m'intéresser aux mêmes détails de l'objet. Je vais chercher à savoir si la chose est un orvet à l'arrêt ou une vipère endormie. Je vais chercher dans ma mémoire les couleurs des deux animaux, leur taille, la forme de leurs têtes.
En fonction de ces résultats j'adopterai une stratégie de fuite, d'attaque ou d'attente. En fonction de ma constitution et de mon expérience, des réponses de peur naîtront ou pas.
Si j'avais été moins émotif, je me serais rendu compte tout de suite qu'il s'agissait d'un bout de bois tordu.
L'objet n'est plus le même et je retrouve mon équilibre interne, ma respiration redevient régulière, mon cœur se calme.

L'état de mon corps influe sur ma perception. Un mal de tête m'empêchera de soutenir une lumière trop forte, en vieillissant les objets me sembleront flous, les couleurs changeront et pour s'en convaincre il suffit de voir les dernières toiles de Cézanne ou de Picasso pour se rendre compte que leur palette de peintre a changé.

1.3.3 Ce qui engendre un phénomène d'effervescence de groupe

L'objet qui fait irruption dans mon champ de perception n'est pas tout simplement inerte : je peux en effet recevoir des composés minéraux comme ceux de la naphtaline ou des composés organiques comme ceux des odeurs humaines ou des phéromones féminins ou masculins.
Ce phénomène est accéléré par la présence des neurones *miroirs* autour de l'aire de Broca et dans le cortex pariétal inférieur.
Ces neurones présentent une activité aussi bien lorsqu'un individu animal ou humain exécute une action que lorsqu'il observe un autre individu exécuter la même action, ou même lorsqu'il imagine une telle action, d'où le terme miroir.

Mon corps change chimiquement. Cela veut dire que, dans une rencontre avec l'Autre, le corps de l'autre va aussi changer chimiquement. Et ma perception va encore changer et je percevrai un nouvel Autre.
Et le phénomène va être récurrent et cumulatif.
On observe couramment cela entre deux personnes lorsque la tension ou la colère monte, ou bien dans un stade de football au cours du déroulement d'un match lorsque l'on voit la foule se lever et pousser un cri comme un seul homme dans un phénomène d'effervescence collective.

1.4 La focalisation de l'attention

Nous ne voyons qu'une partie du paysage qui nous entoure.
Un objet par lequel vous êtes fascinés peut vous sembler d'une taille démesurée ou d'une couleur extraordinaire.

Inversement nous pouvons faire preuve de cécité mentale.

Les pilotes en salle d'entrainement peuvent ne pas voir un chameau traverser la piste sur la quelle ils atterrissent tant la présence de cet animal est incongrue et invraisemblable dans les pays du nord.

Vous cherchez le briquet d'une amie qui vous dit au téléphone l'avoir oublié la veille lors d'un dîner chez vous. Le briquet est sur la table sous vos yeux mais vous ne le voyez pas car il est bleu alors que vous imaginiez qu'il était rouge.

De nombreuses expériences de cécité mentale ont montré que le fait d'avoir un pare brise éclaboussé vous faisait perdre de vue la ligne blanche du milieu de la route ou des éléments important du paysage routier.

De même, nous pouvons gommer les bruits de fonds de l'environnement quand nous suivons une conversation.

Notre corps fabrique en effet naturellement ces phénomènes qui sont des illusions pour notre perception, mais qui ne sont pas des illusions pour notre corps qui ne fait que tenir compte des éléments utiles à son objectif de survie de l'espèce.

Chapitre 2
Les illusions construites

De nombreux artistes et de nombreux psychologues se sont intéressés expérimentalement à la construction d'effets d'optique permettant de produire différentes natures d'illusions ou d'interrogations de la part du lecteur.

2.1 L'indécision

Ainsi l'illusion de Isia Leviant (1914, 2006) donne l'impression d'un cercle tournant et vibrant. Ce phénomène de perception viendrait de l'intense activité aléatoire dans la région occipitale V2.

L'illusion du cube du cristallographe L. A. Necker (1786, 1861) est intéressante car elle met en relief un phénomène que nous éprouvons fréquemment, celui d'une hésitation à décider de quel objet il s'agit sous nos yeux. Lorsque nous ne disposons pas de tous les éléments de décision, nous voyons alternativement une image puis une autre, notre cerveau hésitant entre deux solutions possibles face à l'objet.

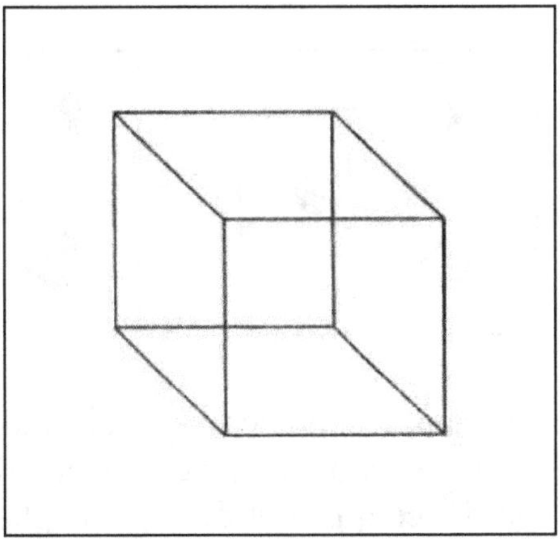

A ce sujet nous avons avec le *Marché d'esclaves avec apparition du buste de Voltaire* de Salvador Dali (1904, 1989) la possibilité de voir alternativement, soit le buste de Voltaire, soit deux paysannes.

2.2 L'anticipation

Enfin les illusions d'optique relatives à notre activité permanente d'extrapolation sont saisissantes. Elles sont les plus intéressantes des illusions visuelles car elles mettent en évidence notre activité permanente d'extrapolation qui nous a permis de survivre au cours du développement des espèces animales encore vivantes aujourd'hui.
Lorsque nous sommes en face d'un danger ou d'une anomalie, nous imaginons immédiatement des scénarios parmi lesquels nous prendrons la bonne décision pour survivre avant même d'avoir toutes les données en main car le temps presse.

La manifestation visuelle la plus spectaculaire de notre aptitude à anticiper est celle de notre capacité à fabriquer des traits virtuels.
Ces traits virtuels sont produits par les neurones des colonnes de neurones de la zone occipitale V1 de la vision.

C'est pourquoi les triangles de Kanisza et ses variantes sont complétés par notre imagination à partir d'un simple indice placé à chaque sommet.

Les triangles blancs, virtuels mais perçus, sont plus blancs que la feuille de papier, et deviennent de plus en plus blancs, plus on les regarde, ce qui veut dire que le phénomène d'anticipation s'intensifie.
Cette activité d'anticipation est fondamentale pour documenter la prise de décision.
L'angle dessiné aux sommets étant de 60°, on voit un triangle aux côtés rectilignes, si l'angle est plus grand, on voit un triangle curviligne concave, et si l'angle est plus petit, un triangle curviligne convexe.

2.3 La mémoire

La mémoire joue un grand rôle dans la perception, par exemple lorsque je regarde les nuages en y voyant des formes d'animaux plus ou moins fantastiques, quand je crois reconnaître un ami, quand j'observe le jeu des marionnettes d'un théâtre de Guignol, quand j'entends des pas qui me rappellent ceux de mon père, ou quand la vue d'un objet convoque soudain devant moi un pan de mon histoire.
La perception et la mémoire sont attribuées au cerveau limbique siège de l'émotion.
La perception d'un objet perturbe mon équilibre chimique interne, c'est-à-dire provoque une émotion, elle même gravée dans mon cerveau, au moment de la mise en mémoire dite épisodique.
Le processus de gravure mobilise certains gènes, en particulier le gène *Zif268,* selon Serge Laroche, qui a pour tâche de développer durablement les terminaisons synaptiques des neurones de l'image à graver.

2.4 La perte de repères

La perception peut perdre ses repères dans certains cas de changement des conditions environnementales habituelles.

Ainsi l'observation d'un dessin de Walt Disney avec un éclairage de couleur transforme complètement les couleurs de l'affiche qui font qu'un renard perd son pelage roux caractéristique.
Un dessin peut correspondre à un objet impossible lorsque certaines indications ne sont pas cohérentes avec le savoir du cerveau qui l'observe.
Les couleurs d'un tableau peuvent irradier l'ensemble du tableau là où le peintre n'a posé aucune couleur, Dario Varin a mis en évidence en 1971 cette illusion qu'il a appelée « l'effet néon » .
Un grillage gris au milieu d'un grillage noir donne l'impression d'une grande zone grise, comme l'a illustré en 2009 Jacques Ninio du Laboratoire de Physique Statistique de l'Ecole Normale Supérieure de Paris.

Une chaise démontée, vue sous un certain angle, peut donner l'impression d'une chaise normale, ce qui permet de faire passer quelqu'un à travers la chaise.

2.5 La complexité de la perception

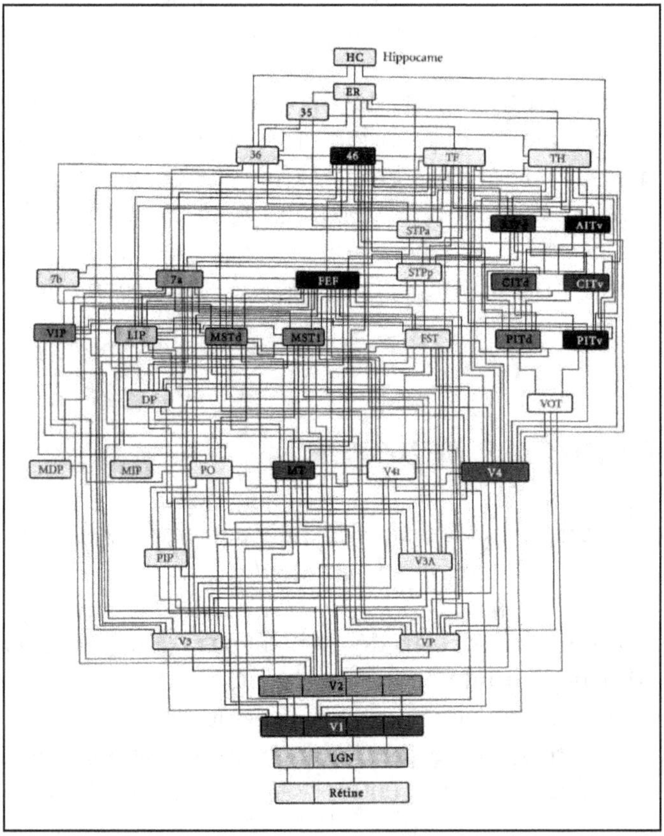

La raffinerie de Weiskrantz. C'est le surnom donné par Weiskrantz au travail de représentation graphique des boucles de rétroaction de la perception chez le macaque.

Une carte des différentes zones de la vision a été dressée dans les années 1990 grâce aux travaux de Ungerleider et Mishkin puis Van Essen et Felleman. Ces multiples connexions entre 32 zones nous permettent de comprendre comment, selon Felleman, 80% des fibres

qui arrivent dans les zones occipitales de la vision, V1 à V4, ne viennent pas de l'œil.
Nous savons en effet que notre perception visuelle dépend de très nombreux facteurs comme notre culture, nos intentions d'action, notre idée préconçue du but à atteindre et, d'une façon générale, de notre activité mentale permanente d'anticipation et de reconstruction du monde.

Remarques sur la Ière Partie
Une étrange perception du monde

Nous remarquons d'abord que notre perception du monde physique ne correspond pas, ni automatiquement, ni obligatoirement, à la réalité physique qui nous environne et que nous constituons, pour autant que nous sachions quelque chose sur la réalité physique des choses.

Nous sommes tributaires de la nature de nos capteurs ainsi que du mode de fonctionnement de nos calculateurs internes et de la fiabilité de nos mémoires.
Nos mesures ne sont pas toujours dignes de confiance et l'interprétation de ces mesures est entachée par l'émotion, c'est-à-dire le degré d'intensité des perturbations apportées à notre équilibre interne que nous appelons l'homéostasie.
Qu'importe pourvu que ce système nous permette de survivre dans un environnement soumis au hasard permanent de la nature.
Cette réalité perçue est la mienne, elle me permet de survivre, que demander de plus, s'interroge l'artiste ?
La réalité physique est cependant le but des recherches du physicien, lequel, à travers ses capteurs corporels et l'outillage qu'il a pu fabriquer, va s'efforcer de collecter toujours davantage de données sur ce monde physique étrange en ce sens qu'il nous réserve toujours de nouvelles surprises.

Curieusement le physicien décrit ce monde à l'aide de la formule rituelle *« Tout se passe comme si »* , formule qui appartient au monde de l'imaginaire, au monde des conte de fées, au monde des poètes.
Certes le scientifique prendra soin de vérifier que les mesures qu'il prend sont cohérentes avec son dernier conte de fées, mais que d'abstractions invoquées, de présupposés, d'images mécaniques simples enfantines proposées, appelés en renfort de la narration très sérieuse du savant.
La physique dure navigue dans un monde féérique, à la poursuite d'une réalité vivante, évolutive et multiple.

Inversement, l'homme qui a tenté d'expliquer sa présence sur la Terre a commencé par inventer des mythologies sacrées, des représentations fantasmatiques, mais sans le souci de les confronter expérimentalement et systématiquement au monde physique.
Le croyant schizophrène est alors déconnecté de la réalité perçue de son environnement et de ses frères.
Il voit un monde construit à partir d'un arrière - monde.
Il a provoqué les plus grands massacres au nom d'idées abstraites : le pouvoir, l'argent, la supériorité de sa classe ou d'autres termes exprimant son angoisse existentielle.
Peu lui importe la réalité mouvante, car elle est pour lui source d'inquiétude plus confortablement remplacée par une vérité unique, intangible, immuable et éternelle.
Le croyant part en croisade pour façonner le monde à son avantage.
Il fait montre d'un comportement de pillard.
Il n'est pas viable socialement.
A l'échelle d'une tribu, le comportement du vivant est de la même nature lorsque nous voyons les peuples s'entre-égorger sur un théâtre mondial.
Le vivant, dès la cellule vivante, est par essence un prédateur.

IIème Partie
Nos représentations sont des fantasmes

Introduction - Nos inévitables fantasmes

Nous ignorons le plus souvent l'origine de nos fantasmes. Ils peuvent avoir été conçus inconsciemment mais aussi consciemment. Un travail de retour sur soi est nécessaire pour retrouver les éléments stockés dans notre corps qui ont servis à la construction du fantasme.
Ce n'est pas chose aisée car notre activité neuronale est permanente et aléatoire.

D'autre part, nos représentations ne peuvent être transmises à l'Autre qu'avec nos moyens de communication, c'est-à-dire le geste, les attitudes, les expressions du visage, la dilatation de nos pupilles, l'ouverture de nos paupières, les teintes changeantes de notre peau, le hérissement de nos poils, notre souffle, nos tremblements, les hormones que nous émettons, le ton de notre voix, et finalement la parole.

Notre geste vérité peut être en contradiction totale avec la parole.
Un chef de clan aborde avec les points serrés un ennemi déclaré que les circonstances l'amène à féliciter.
Un commerçant affirme à un client que sa commande sera honorée tout en se grattant la tête.

Nous allons donc voir d'abord, sur quelques exemples, que notre communication est d'abord corporelle et qu'elle s'établit à notre insu par nos gestes, nos lèvres, nos yeux.

Le langage des sourds muets est éloquent : il est constitué de gestes des mains et des bras et de toutes sortes de mimiques.
Ensuite nous verrons que le cerveau n'intervient par la parole qu'après la bataille, avec un arsenal préfabriqué et encombrant. La parole est lente et indigente, ce qui ne nous aide pas à clarifier le contenu de nos fantasmes. La réception et l'émission des sons se font au rythme de quelques dizaines de bits par seconde alors que l'image offre des millions de pixels par seconde, sachant que notre système visuel n'en capte qu'une partie.
Enfin nous remarquerons que, dans tous les cas, nos fantasmes ont été générés par notre activité neuronale aléatoire, avec un cerveau gauche siège de la parole qui peut fonctionner pour exprimer nos représentations ou nos messages alors qu'il ne tient pas compte du cerveau droit sensible en contact avec la réalité physique.

Nous verrons dans cet univers aléatoire ce que sont les substrats de la conscience et de l'inconscient.

Chapitre 1
Le concret et l'imaginaire ce que Kant ne savait pas

La construction de notre corps est soumise aux lois du hasard, de la chaîne des gènes au comportement de l'environnement.
Il en résulte un bricolage biologique qui fait en particulier que notre cerveau s'est développé par couches successives chacune à des vitesses différentes. Notre réflexion n'est pas synchrone de notre action. Notre prise de conscience d'un phénomène et de notre action physique face à ce phénomène, n'est pas synchrone de notre action.
Le corps, autant que notre système nerveux et notre cerveau, contribue à la mise en place d'actions adaptées aux circonstances qui peuvent être complexes.

1.1 Notre geste est juste, notre perception est fausse

L'illusion de Titchener (1867, 1927) consiste à présenter un cercle entouré de petits cercles et, sur une autre image, le même cercle entouré de grands cercles. Nous savons que notre système visuel nous donne des informations différentielles c'est-à-dire comparatives. Nous ne sommes donc pas étonnés de percevoir le cercle central plus petit lorsqu'il est entouré de grands cercles et plus grand quand il est entouré de petits cercles.

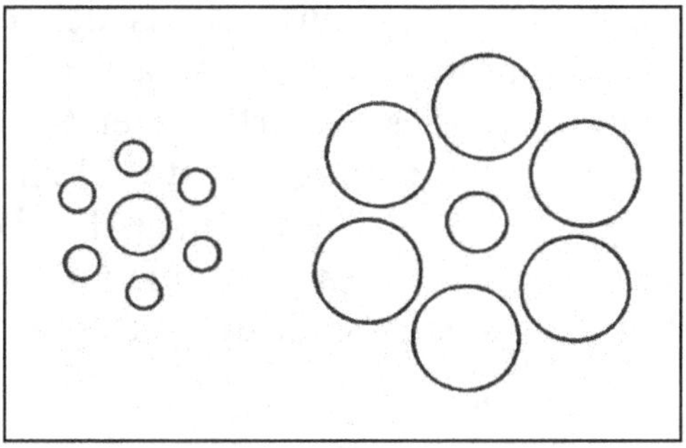

Seulement voilà de quoi être surpris : Aglioti a eu l'idée, en 1995, de demander à un observateur de saisir le cercle central. Il a pu alors observer que l'ouverture de la pince, entre le pouce et l'index de la main cherchant à attraper l'objet, était correctement ajustée à la dimension physique du disque central, que ce soit sur l'image de gauche ou de droite, dès le départ du geste du bras.
Ainsi la commande visuo-motrice était correcte dès l'ordre enregistré, dès le départ du mouvement du bras, alors que nous sommes persuadés d'avoir affaire à deux cercles centraux de tailles différentes.
Nous sommes bernés par nos perceptions alors que notre corps moteur ne se trompe pas.
Nos réactions corporelles sont fiables, notre perception des choses ne l'est pas.
Nos échanges physico-chimiques ont bien lieu avec notre environnement extérieur, quelles que soient les défaillances de notre imagination perceptive, sinon notre corps ne survivrait pas s'il se nourrissait d'illusions.
Contrairement à ce que dit Kant (1724, 1804), le monde physique n'est pas hors de portée, les neurosciences nous montrent au contraire, dans cet exemple simple, l'échange physique direct qui peut exister entre mon corps et le monde physique.
Pour concilier les deux affirmations, kantienne d'une part et neuroscientifique d'autre part, il faut être capable de distinguer le monde perçu et le monde physique en les considérant comme complémentaires.
On peut comprendre que Kant dise que l'objet physique est inaccessible à sa compréhension et à ses sens, mais nous savons qu'un physicien, en prenant des mesures, présuppose que la réalité physique est accessible par ses manifestations et par l'échange symbiotique permanent physique du vivant avec son environnement.

Que se passe-t-il ? Nous venons de voir, plus haut, les multiples boucles de la raffinerie de Weiskrantz.
Les neurobiologistes Ungerleider et Mishkin ont en fait montré que toutes ces interconnections entre l'œil et la zone occipitale sont organisées en deux voies principales ventrale et dorsale. La voie ventrale est la voie de la description des formes et des couleurs tandis que la voie dorsale est celle du mouvement et de l'action.

Ces deux voies n'offrent pas, comme nous venons de le voir, les mêmes résultats. Nous avons ici l'exemple d'une construction pas très cohérente de notre corps.

Les deux besoins existaient, celui de la vision et celui de l'action, mais ils ont été matérialisés par un bricolage biologique à coups de hasard au cours des millions d'années de l'évolution.
Nous vivons bien en symbiose avec le monde physique, comme les bactéries qui n'ont ni neurones, ni système nerveux, ni cerveau. Mais nous avons en plus un cerveau qui s'est développé à son rythme, et à différents rythmes pour ses différentes parties, lesquelles ne sont pas toujours en cohérence entre elles ou avec le reste du corps.
Ce développement autonome du cerveau a été très bien illustré par les travaux de Didier Marchand sur l'évolution du cerveau et à ses conséquences sur la forme et la position du crâne par rapport à la colonne vertébrale chez les cétacés issus d'une loutre retournée à l'océan.

1.2 Le geste intervient 55 msec avant la conscience du geste

Soudain je retire ma main d'une plaque brûlante qui était déposée sur un feu. Je voulais attraper cette plaque. Je n'ai pas prêté attention à sa couleur, ni aux vibrations de l'air autour d'elle.
Trop tard ! Je me suis brûlé. Heureusement que j'ai retiré ma main sans attendre. Mes doigts me font maintenant mal. Je précipite ma main sous un robinet d'eau froide pour atténuer la douleur.
Il s'est passé 55 millisecondes soit un demi-dixième de seconde, ce qui est énorme dans de telles circonstances, avant que j'aie compris la scène qui s'est écoulée, qui a fini de s'écouler, lorsque je prends conscience de la situation après la bataille.
Tout est déjà joué. Ma main est brûlée.
Mais les réactions réflexes immédiates et inconscientes du corps m'ont permis d'agir dans l'urgence et de limiter les dégâts.
Remarquons que de nombreux serpents détectent le rayonnement infrarouge de leurs proies grâce aux cellules détectrices situées sous leurs narines. L'homme n'est pas équipé d'un tel dispositif.
Le bricolage de l'évolution en a décidé ainsi.

1.3 *Nous sommes trahis par notre sourire*

Notre équilibre interne est indispensable à notre survie.
Lors d'une perturbation apportée par une modification de l'environnement, l'émotion consiste en l'ensemble des réactions inconscientes des ajustements physico-chimiques de notre corps.

L'émotion est utile car elle gère les premiers instants de l'alerte, elle permet de stocker plus facilement et plus durablement l'information en mémoire à long terme et permet de se rappeler plus facilement les faits nouveaux. Les informations viscérales jouent un très grand rôle dans l'émotion.

Le déclenchement inconscient des émotions explique pourquoi il est difficile de les simuler volontairement et facile d'en déceler le caractère factice. C'est le cas de la différence entre un sourire spontané, déclenché par la structure limbique, qui est toujours dissymétrique, et un sourire commercial conscient symétrique, déclenché par le cortex moteur activant les muscles zygomatiques.
Le grand zygomatique est un muscle de la joue partant de l'os malaire et se dirigeant en bas et en dedans pour s'insérer sur la commissure des lèvres. C'est pourquoi l'inclinaison de la bouche et l'orientation des commissures des lèvres nous parle sans équivoque.
Dès notre petite enfance nous avons appris à lire sur les lèvres de notre mère. Quand nous écoutons quelqu'un sur un fonds sonore envahissant, nous avons besoin de suivre le mouvement de ses lèvres.
Nous faisons de même quand nous écoutons notre professeur d'anglais. Il nous est plus facile de suivre une conversation filmée qu'une conversation enregistrée en audio.

Au total, par un sourire volontaire, j'affiche une image qui n'est pas celle que je voudrais donner.

1.4 *Mon œil « parle » le premier*

Nous avons vu que nous avons deux voies visuelles, l'une ventrale traitant les formes et les couleurs, l'autre dorsale traitant du mouvement, c'est-à-dire, par exemple, des positions relatives d'une balle de tennis avec son environnement. Cette voie dorsale s'intéresse au champ d'action des objets et non à la forme des objets. Elle informe mon système moteur qui réagit insconsciemment. Elle est essentielle au combat.

Cette voie dorsale utilise le colliculus supérieur, le pulvinar, pour aboutir au cortex pariétal postérieur qui participe à l'envoi des informations motrices.
Or cette voie utilise des basses fréquences transmises à l'amygdale qui réagit aux visages effrayés.
Paul Whalen s'est aperçu alors que le signal de la frayeur pour l'amygdale est tout simplement la surface du blanc des yeux.
Ce processus est totalement inconscient. Je me trahi donc facilement sous l'effet de la peur, information qui intéresse au plus haut point mon adversaire qui en tire avantage, car il sait que je ne suis plus en possession de tous mes moyens.
Nous retrouvons le bricolage de la construction aléatoire de l'évolution porteur d'avantage et d'inconvénients.

Eckhard H. Hess, a montré que, à lumière constante, la dilatation de la pupille augmente devant quelque chose de stimulant, lorsqu'il est demandé d'observer de la nourriture, des personnes politiques, ou d'écouter de la musique.
On observe aussi une augmentation de la taille de la pupille dans la résolution d'un problème en particulier au moment de trouver la solution.

Quelqu'un qui ment et ne veut pas se trahir détourne le regard.
« Regarde moi » veut dire « Ecoute moi et je verrai bien ce que tu penses. »

Le regard en coin peut signifier selon le contexte plusieurs choses différentes : défiance, séduction. Le regard est constitué de l'œil et de son contexte facial ou gestuel, des odeurs et des bruits émis.

Le regard en haut à droite indique la réflexion.
Le regard baissé la soumission.
Soutenir le regard est une insolence.
Rouler des yeux signifie « Je ne comprends plus, je ne sais plus où regarder. »
Le regard peut être une arme. Le politicien Georges Marchais déroutait les journalistes assis en face de lui par son regard tournant permanent et hallucinant qui donnait à voir une cornée au lieu d'un iris. C'est pourquoi l'écran de télévision ne donnait à voir ce politicien de face qu'exceptionnellement lors de déclarations programmées.
Notre regard peut être pensif, perdu ou présent à notre insu.

Chapitre 2
L'indigence du langage

Devant la rapidité et la fiabilité des réactions de notre corps l'outil de la parole d'aujourd'hui est bien lourd. La codification apportée par l'écrit a introduit de nombreuses contraintes sans réduire les lacunes de la communication.
Du côté de la réception, l'œil scanne très rapidement une très grande quantité d'informations, l'oreille a une inertie bien plus grande et ne reçoit que du bas débit, la parole met en œuvre une mécanique lourde qui ne peut émettre que lentement.
C'est pourquoi au cours d'une conversation la parole de l'orateur peut-être coupée fréquemment par le cerveau de l'interlocuteur qui a eu le temps de traiter l'évolution de la situation grâce aux signaux corporels reçus, aux informations stockées préalablement en mémoire, aux premiers propos enregistrés et traités.

2.1 Sémantique tribale vivante

Le langage tribal était simple à sa naissance, « rythmé, bilatéral et triphasé » selon l'anthropologue Marcel Jousse.
Le langage animal a toujours été un moyen de communication d'appel ou d'alerte à distance hors de la vue.
Chaque cri veut dire quelque chose de précis et fait l'objet d'un apprentissage chez le loup du Canada ou le singe vervet du Kenya.
Ces animaux ont une conscience, c'est-à-dire qu'ils établissent une relation entre leur corps et l'environnement quand ce dernier se manifeste dans ses variations, par exemple par l'apparition d'un objet ou la présence de l'Autre.
Chaque tribu a son langage, et ce langage évolue sans cesse en fonction des besoins de la tribu.
L'Académie, dans le sillage du pouvoir central construit sur des tribus éparses, n'a cessé d'édicter des règles, mais elle se voit à son tour contrainte de mettre à jour en permanence son vocabulaire sous la pression des mutations du langage. La normalisation est toujours en retard sur la vie.

Des pans entiers de la société s'expriment hors des normes du bien parler, de nouveaux dialectes naissent et se propagent dans les communautés multiples qui veulent vivre leur identité exprimée par leurs coutumes.

2.2 Polysémie des mots

Le langage est signifiant dans ma tribu, ici et maintenant. Il n'aura plus la même signification demain, ni ailleurs. Il ne sera pas adapté aux échanges permanents de mon corps avec son nouvel environnement. Mais j'aurais toujours en mémoire gardé les émotions vécues du passé. Un mot pourra faire appel à plusieurs souvenirs.
Ce mot, aujourd'hui, porte des sens pour moi qui ne sont pas les sens que lui donnent mes amis.

Nous sommes en apprentissage permanent, comme l'enfant qui découvre le sens des mots à partir du contexte dans lequel il se trouve. Un mot n'a de sens bien précis que positionné à sa place dans une phrase traditionnelle, dans une expression reconnue par ma tribu.
Apprendre une langue en apprenant par cœur des colonnes de vocabulaire a montré son inefficacité.
L'apprentissage des langues se fait à partir de petits scénarios simples en apprenant des phrases dans lesquels existent un sujet, une action et un objet. Le langage retrouve alors son utilité de résolution d'un problème de communication. Le vocabulaire et la syntaxe agissent ensemble.

La polysémie du mot devient très gênante quand il me faut décrire un scénario que j'ai imaginé pour représenter une perception que je cherche à décrire. Chaque représentation est en effet bien ma représentation, mon invention qui n'a pas été encore normalisée dans des petits jeux de rôle sociétaux.

Comment accéder à une nouvelle construction mentale avec des matériaux mal équarris, aux cotes incertaines, constitués d'une matière qui garde encore ses secrets ? Voila qui ne simplifie pas les choses.
Car la nouvelle représentation que je viens de découvrir est bien nouvelle puisqu'elle résulte d'un travail neuronal aléatoire.

2.3 *Equivoques de la syntaxe*

Lorsque l'animal au sens large, dont l'homme, n'est plus dans le présent de l'action, mais dans la mémoire de l'action, il doit, selon Marcel Jousse (1186, 1961), relater le « triphasisme » de l'agent, de l'action et de l'agit, c'est-à-dire construire la première articulation sujet-verbe-complément direct.

La syntaxe a été compliquée à loisir, dans des bibliothèques qui sont des lieux fermés qui avaient pour l'écriture besoin de normes porteuses de l'espoir d'une communication propagée dans le temps et dans l'espace.

Mais dans l'espace, l'écriture, a été l'apanage d'une classe dominante. Dans le temps, quelques générations s'étant écoulées, l'écriture est très vite devenue illisible pour la plupart des lecteurs qui ont abandonné ce soin aux archivistes des temps révolus.

Il faut remarquer que pour comprendre les écrits, qui sont devenus des grimoires, les chercheurs doivent non seulement connaître les signaux utilisés, mais l'histoire et la géographie qui les entouraient.

Néanmoins le triphasisme primitif acteur-action-agi, aurait toujours existé et subsisté dans la nature. Ce qui n'empêche pas que les déclinaisons et conjugaisons des époques révolues ont disparu avec les coutumes des peuples qui les utilisaient.

2.4 *Incomplétude des logiques évolutives*

Nous ne devons pas oublier que le langage présuppose une logique. Mais encore faut-il que la logique de ce langage corresponde à la mienne. La logique évolue avec le langage.

Différentes logiques naissent tous les jours en mathématiques formelles et nous avons en physique moderne déjà vu s'affronter plusieurs logiques.

Une logique est bâtie sur un certain nombre de présupposés, sur des identités et des relations entre ces identités.

Bachelard a souligné que la notion de logique est en perpétuelle construction.

Sur le front des connaissances, les scientifiques sentent les limites de leurs logiques.

Euclide père de la géométrie plane, Pythagore de la trigonométrie, Bayes des probabilités, Boole de la logique informatique, Gödel des limites et contradictions de l'arithmétique, Riemann des espaces complexes cosmiques, Connes des algèbres d'opérateurs pour explorer la physique quantique, ont tous été confrontés à de nouveaux phénomènes les entraînant à la recherche d'une nouvelle logique.
Les logiques ne sont que des modes de pensée scientifiques ou philosophiques.
Il existe d'autres modes de pensée, d'autres modes de décision, que celui des champs logiques. Nous entrons alors dans le monde de l'intuition et de l'idée lumineuse surgie du hasard dans les domaines artistiques ou scientifiques.

Notre langage est un outil de communication rustique, lent, nous conduisant à respecter une logique de base la plus élémentaire et commune au plus grand nombre pour tenter de communiquer.
D'où les contradictions interminables des discours tentant d'exprimer l'indicible par la parole.
La parole permet autant un travail de passeur que la constitution d'opaques écrans dans nos propres esprits.
Selon Bergson, le langage est incapable de décrire la complexité, la mobilité, et la réalité de l'homme, le langage est polysémique et nous emmène où nous ne voulons pas.
Nous croyons avoir analysé notre sentiment, nous lui avons substitué une juxtaposition d'états inertes, en voulant le traduire en mots.
Ainsi la notion de durée, vécue, non mesurable, ne peut être remplacée par la notion de temps linéaire et mathématique transmis par le langage.
L'expérience vécue est indicible.

Les neuroscientifiques savent aujourd'hui, par le travail de Damasio, que nous ne pouvons tenir de raisonnement sans faire fonctionner notre cerveau limbique, celui des émotions.

Chapitre 3
Une combinatoire neuronale effrénée

3.1 Pensée, décision, conscience

La pensée est l'ensemble des activités cérébrales qui s'expriment dans la décision, la planification, la perception et la représentation.
Ces activités peuvent se dérouler en mode conscient ou inconscient.
Les substrats de ces activités sont répartis dans le corps et le cerveau.
Les différentes parties du cerveau peuvent être animées d'une activité aléatoire permanente dans la matière grise ou, à l'opposé, contenir des unités dites encapsulées qui exécutent des tâches irrépressibles et inconscientes qui peuvent être très élaborées comme celle de reconnaître une lettre de l'alphabet quelle que soit la calligraphie utilisée.

Comment cet ensemble complexe est-il organisé ? Les multiples travaux réalisés aujourd'hui nous permettent de décrire schématiquement l'organisation de la pensée en termes simples et concrets sans commettre d'abus.

D'abord comment fonctionnons-nous physiquement dans un univers incertain ?

La société a toujours eu tendance à représenter un phénomène aléatoire, par exemple le vent, par une image déterministe, par exemple le dieu Eole, dieu à l'image des anciens Grecs, bien sûr.
En effet, sans déterminisme, imaginé et accepté par l'espèce, il n'y aurait pas d'anticipation possible de l'action, donc de survie possible de l'espèce.
A cette fin d'anticipation, notre inconscient imaginatif extrapole en permanence de nouvelles représentations, de nouvelles combinaisons neuronales, de nouveaux scénarios les plus invraisemblables et

inattendus de notre corps en échange avec son environnement naturel et social.
Car physiquement le hasard est bien présent partout, il est notre richesse, il engendre notre spécificité, en l'absence de toute causalité.
Ni la construction des organismes vivants, comme l'a montré Jacques Monod, ni leur fonctionnement biologique quotidien, comme l'a montré Jean-Jacques Kupiec, n'échappent au hasard.

Alors comment se développe le vivant ?
Le vivant a la propriété de développer sa complexité en exportant son entropie dans l'environnement, selon de Duve.
Le vivant est toujours hors équilibre.
En se développant ainsi au détriment de son entourage, le vivant apparaît essentiellement comme un prédateur dont la nature est à la source de son comportement social et environnemental.

Alors comment fonctionne le vivant ?
Le vivant est constitué d'une frontière poreuse et d'un milieu interne en équilibre dynamique permanent avec l'extérieur. Cet équilibre interne est appelé notre **équilibre homéostatique,** du grec ὅμοιος, hómoios, « similaire », et ἵστημι, hístēmi, « immobile ».
Lorsque vous recevez les résultats de votre prise de sang vous voyez une liste de résultats, glucose tant, globules rouges tant, etc. et dans la marge à droite une fourchette des valeurs à l'intérieur desquelles doivent de trouver chacun des paramètres analysés.
Cet ensemble des fourchettes décrit la plage d'équilibre homéostatique sur laquelle vos paramètres doivent se trouver.
Nous voila maintenant prêt à proposer une définition de l'émotion, ce que nous allons faire en nous posant la question :

Comment percevons-nous les choses ?

L'émotion est simplement l'expression d'une perturbation de l'équilibre homéostatique. Cette perturbation peut être provoquée par une modification de l'environnement et en particulier par la seule irruption d'un objet dans l'environnement.
En effet **la seule présence de l'Objet me change chimiquement**.

Ainsi, l'irruption d'une menace déclenche dans mon corps la production d'hormones et de neuromédiateurs qui ont pour effet d'accélérer mon rythme cardiaque, de répartir mon sang en faveur de mes muscles squelettiques, de libérer du glucose, d'accélérer mes réflexes, de concentrer mon attention, d'arrêter ma digestion, d'inhiber ma douleur, de faciliter la coagulation de mon sang et d'augmenter le nombre de mes lymphocytes, ces deux derniers facteurs me permettant de réparer d'éventuelles blessures.
C'est merveilleux.
Dans cet exemple, les changements chimiques me rendent apte au combat.
La seule présence de l'Objet m'a changé chimiquement en engendrant une modification énergétique.
Alors mon Soi modifié voit l'Objet différemment, il voit un Objet modifié, et cet Objet modifié me modifie à son tour.
Et nous pouvons alors assister à un phénomène récurrent et cumulatif.

Par cette approche de l'émotion, au premier abord réductionniste, nous sommes, en fait, en mesure de mieux situer certains concepts que nous utilisons pourtant couramment sans pour autant toujours bien en discerner les contours.

Ainsi prenons les notions d'attention et de conscience qui sont au cœur de la perception.

L'attention consiste, à la suite d'une alerte déclenchée par l'amygdale, en un *état d'activation du cerveau* par des molécules émises par le tronc cérébral. Ces molécules dites neuromédiateurs vont inonder l'ensemble du cerveau et en particulier des tableaux de bords dits registres du Soi, de l'Objet et de la Conscience qui s'en trouvent activés.

Les registres du Soi sont dans les couches profondes, ils suivent les paramètres des différentes parties du corps.

Les registres de l'Objet correspondent aux informations transitant dans les zones sensorimotrice.
Ces registres surveillent en permanence les interactions physiques de mon corps avec l'environnement.

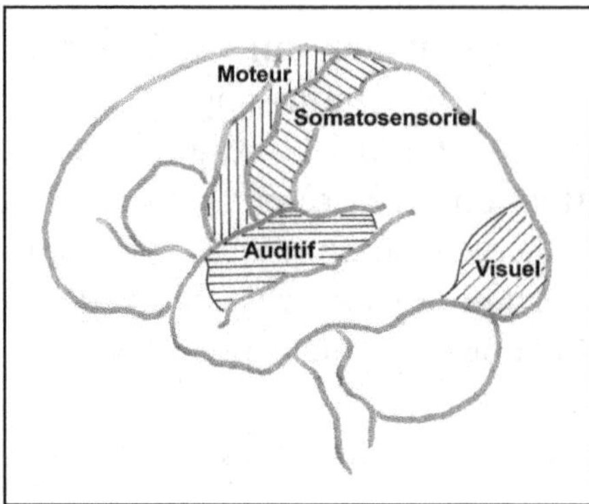

Registres de l'Objet

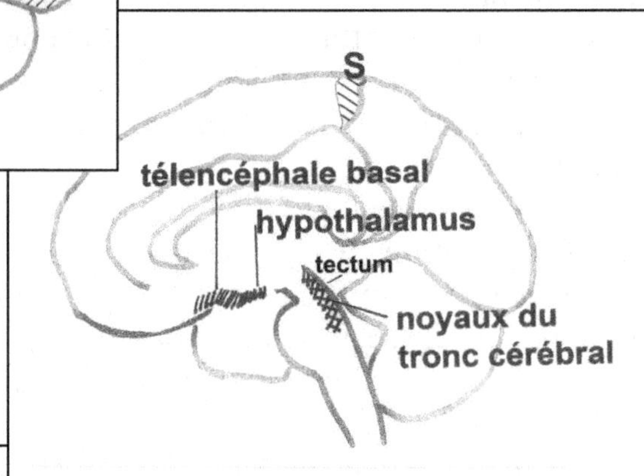

Registres du Soi

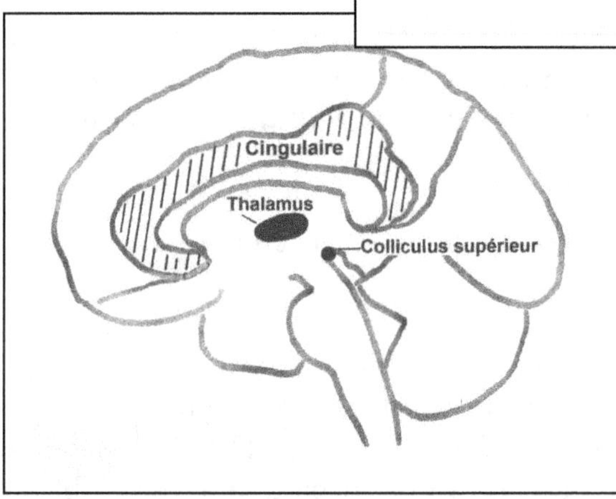

Registres de la conscience

d'après Damasio

Que sont les registres de la conscience ?
La conscience est une relation entre Moi et l'Objet.
Les registres de la conscience sont des registres des couches profondes primitives qui mettent en relation les registres du Soi et ceux de l'Objet. Les animaux sont donc conscients.
J'ai, dans cette mise en relation, conscience de quelque chose en même temps que je sais que c'est moi qui perçois cette chose.
Voila donc une nouvelle fissure importante dans nos croyances dualistes, à savoir l'idée que le fonctionnement de nos substrats correspond bien à nos observations subjectives.

3.2 Les états de conscience

Remarquons alors quatre points très intéressants qui vont nous permettre de comprendre ce qui se passe dans les arts du vivant qui consistent par exemple à dessiner des danseurs en train de danser.

La transe d'abord apparaît comme une simple focalisation de l'attention sur un objet réel ou virtuel. La transe devient alors un phénomène courant qui n'a rien d'anormal.

Ensuite la conscience étant activée par des neuromédiateurs cela explique pourquoi les mêmes zones du cerveau peuvent fonctionner soit en mode conscient soit en mode inconscient, soit avec différents états de conscience d'intensité diverses qui peuvent s'exercer en parallèle.

Ces différents états de consciences sont d'intensité variable, mais aussi de complexité variable allant d'une conscience noyau des animaux primitifs à la conscience étendue des animaux évolués qui tient compte de l'historique du sujet.

Enfin la réalité des réactions aléatoires physico-chimiques nous permet de comprendre pourquoi **notre attention et notre conscience apparaissent et disparaissent de façon capricieuse tandis que notre imagination inconsciente ne cesse de fonctionner, par une activité neuronale effrénée,** dégageant une information permanente préparant l'intention d'action, de même que notre inspiration poétique.

Et maintenant que nous sommes munis de notions revisitées nous permettant de mieux comprendre par quels états physiques et par quels états de perception peuvent passer un dessinateur ou un groupe d'artistes, nous pouvons comprendre comment représenter des danseurs entrain de danser.

Comment créer une relation entre le monde perçu de mon Soi en interaction avec son environnement et le monde représenté de mon histoire ?
Sachant que le monde perçu s'exprime dans la durée alors que le monde représenté s'exprime dans le temps mathématique, voila qui ne facilite pas les choses, d'autant plus que les arts du vivant se déploient précisément dans cette relation entre le monde perçu, et le monde représenté.
Hé bien, dans nos mondes aléatoires physique et perçu, pour représenter des danseurs en train de danser, l'artiste n'aura pas d'autre issue que de dérouler en des instants successifs sur sa feuille le moment qui s'écoule ici et maintenant, moment ressenti dans son activité inconsciente permanente, au hasard de ses perceptions subjectives.
Le dessin n'est donc ni la photo d'une attitude saisie à la volée, ni la reproduction d'une succession d'immobilités comme l'avait cru Duchamp.

Le dessin vivant est autre chose, un bras à l'instant T, une jambe à l'instant T+ 1, une tête à l'instant T+2, etc. exprimant le vivant hors équilibre, tel que nous le percevons.
Il devient alors possible, en déroulant le temps, de dessiner sur le vif des danseurs en train de danser ou des saltimbanques en action pour laisser sur une feuille leurs traces à l'appréciation des lecteurs : en effet, dès les premiers instants de la genèse du dessin, le cerveau anticipateur de l'Autre de ma tribu est capable de reconstruire le scénario vécu et noté par le dessinateur.
La communication s'est amorcée.
L'Autre interprète mes traces dans une lecture active.
Le trait poreux de mon dessin lui permet de déployer sa liberté.

Ceci étant, comment fonctionne l'artiste qui peint ?
Lors d'une performance collective des arts vivant, les dessinateurs, les danseurs et les spectateurs sont en transe, ensemble, en effervescence, transformés en une seule flamme.
Le dessinateur dessine ce qui se passe entre les danseurs, les danseurs vivent leur aventure.
Les musiciens improvisent et les danseurs improvisent sur l'improvisation des musiciens.
Le peintre peint avec son corps.

Son corps prend les décisions.
Nous disons bien, par exemple : « Je me sens mal, je pars, je me sens bien, je reste. »

Nous devons donc retenir que la conscience n'est pas une zone particulière du cerveau et l'inconscient une autre.
La conscience est l'inconscient sont deux modes de fonctionnement des mêmes zones du cerveau. La plupart du temps nous fonctionnons en mode inconscient et, sous l'effet d'une alerte, nous passons alors en mode conscient c'est-à-dire en un mode surexcité par l'inondation des neuromédiateurs émis par le tronc cérébral.
Le mode conscient a cette particularité de mobiliser la conscience dite noyau, selon Damasio, constituée de registres des couches primitives qui mettent en relation les registres de l'Objet et les registres du Soi, sachant que l'ensemble des fonctions (planification, mémoire, etc.) basculent également en mode conscient, c'est-à-dire surexcité par les neuromédiateurs, pour donner la conscience étendue.

3.3 L'activité neuronale permanente

Quand on est en mode conscient il n'empêche que certaines zones du cerveau encapsulées comme des zones de calcul spécialisées continuent de fonctionner en mode inconscient.
Ces zones sont câblées du fait de l'expérience mémorisée et fixée par les gènes mobilisés pour cette occasion.

En dehors de ces zones notre matière grise est en perpétuel mouvement dans une combinatoire inépuisable.
C'est cette activité aléatoire qui nous permet en permanence de bâtir des scénarios et d'anticiper les situations, de créer des représentations qui n'appartiennent qu'à moi, de trouver une idée géniale comme Archimède, et finalement d'assurer ma liberté.

Il nous arrive bien souvent de trouver une idée, dont nous sommes conscients mais dont nous ne savons d'où elle vient. Il s'agit de l'effet de la combinatoire neuronale qui travaillait silencieusement en mode inconscient.

Danseur 1 de Hip Hop dans la rue. 24.04.2013. Croquis sur le vif. Feutre à tête plate sur papier blanc ordinaire A4 80gr. Xavier Bolot. Ce dessin n'est ni une photo ni une succession d'immobilités.

3.4 Les cerveaux droit et gauche

3.4.1 L'idée de Betty Edwards

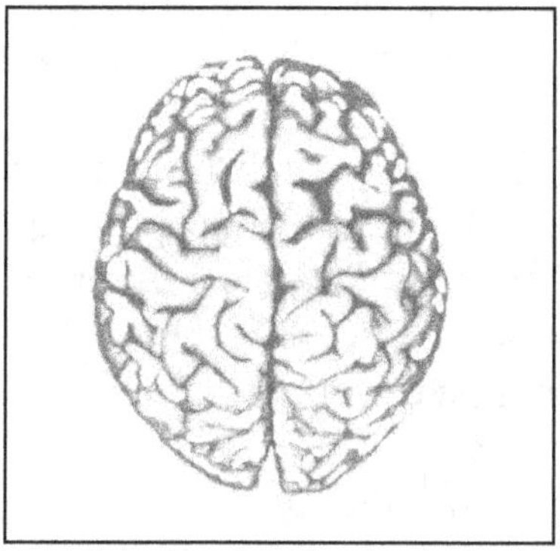

Betty Edwards a enseigné à l'Université de Long Beach en Californie l'application des neurosciences à l'art et a publié *Dessiner avec le cerveau Droit.* Elle suivait avec attention les avancées des neurosciences et en rapportait qu'il existe deux cerveaux, droit et gauche, en conflit lorsque nous observons l'environnement.

Elle demandait à ses élèves de dessiner un portrait à l'envers pour leur faire constater que le résultat était meilleur qu'en dessinant le portrait à l'endroit. Et pourtant il est difficile de savoir ce que l'on dessine lorsque l'image est à l'envers. Cette expérience montre que le cerveau gauche logique est non seulement inutile pour l'artiste, mais dangereux.

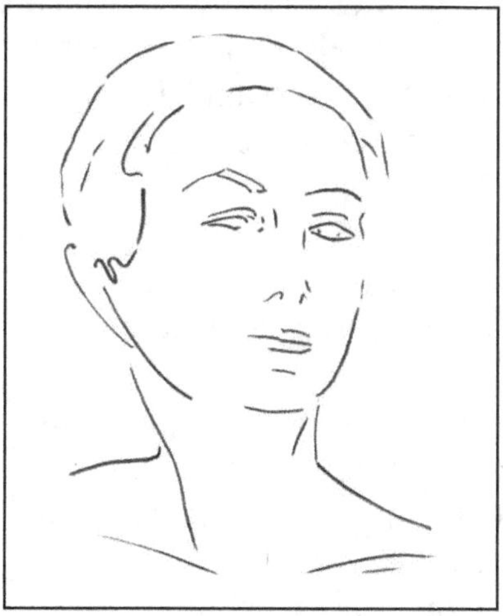

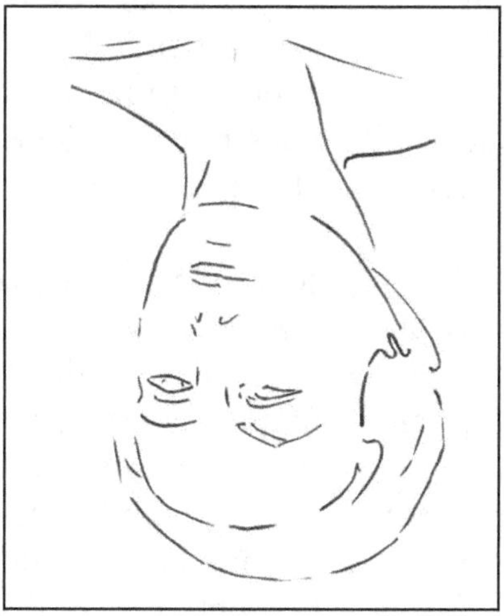

Le cerveau droit contient essentiellement les fonctions relationnelles et spatiales. Son mode de traitement des informations est simultané, global, spatial et relationnel. Il est celui du monde sensible.

Le cerveau gauche contient essentiellement les fonctions de la rationalité et du langage. Son mode de traitement des informations est linéaire, verbal, analytique et logique. Il est celui du monde rationnel illusoire.

Betty Edwards nous montre comme le cerveau gauche empêtré dans sa culture rationnelle empêche le cerveau droit de **voir** l'environnement.
Elle apprend à ses élèves à travailler avec leur cerveau droit et à faire **taire** leur cerveau gauche. Voilà qui est très loin de la conception qui consiste à considérer le langage comme l'outil le plus apte à gérer nos comportements et notre perception du monde.
Les neurosciences nous conduisent également à ces conclusions.

Je prolonge son plaidoyer pour le dessin comme suit.
L'art conceptuel n'exige pas de capacités en dessin et bien des artistes actuels considèrent cet art comme une habileté superflue.
Pourtant rares sont les élèves qui se sentent suffisamment sûrs de leur culture, de leurs aptitudes créatives et de leurs chances de réussite dans le monde artistique pour se passer de suivre des cours.
Pour arriver dans la mouvance de l'art conceptuel, sans efforts a priori superflus, les jeunes élèves indolents courent le risque de s'installer dans un style particulier, à l'imitation de modèles laissés par leurs aînés qui usent de figures répétitives leur servant de signature identifiable pour une clientèle. Ils sont alors nécrosés dans un enfermement commercial.

Je leur répète les idées principales suivantes.
1 N'ayez crainte de vous exercer au dessin qui sera pour vous un moyen de transfiguration du monde.
2 Considérez que cet art vous permet de découvrir à chaque instant ce qui vous entoure, ce qui vous permet de développer vos sens, votre réflexion sur le monde, les concepts qui vous permettront de comprendre le monde, de le dépasser et d'y revenir.
3 Dégagez l'essentiel, proposez la force de votre sensibilité et de votre tempérament. Les mots *dessin* et *design* ont la même source latine, les mots *image (imago* reproduction) et *idée* (*eidos* aspect, forme) expriment la même notion. Votre dessein, votre objectif, est celui de comprendre et de transfigurer le monde tout en développant vos habiletés et votre créativité.

4 Travaillez chaque jour, évitez de laisser s'amenuiser vos facultés visuelles et vos moyens d'expression qui pourront ainsi quotidiennement gagner en force. Dessinez tout ce que vous voyez, vous serez émerveillé par vos découvertes et votre pouvoir de faire connaître le monde. Picasso dessinait divinement. S'il n'avait pas su dessiner, ses peintures auraient été bien fades.

Demain, si je le voulais, je pourrais me lever, je pourrais faire le dessin de quelqu'un, je pourrais dessiner ma mère de mémoire, je pourrais faire une étrange peinture abstraite.
C'est cela que j'entends par liberté.
David Hockney.

3.4.2 L'expérience de Gazzaniga

Notre cerveau comporte donc deux parties principales et pratiquement symétriques, une à gauche et une à droite, séparées par un sillon profond central.
Cependant l'hémisphère gauche est celui de la parole et du raisonnement, de l'analyse, l'hémisphère droit celui des sens.
La coordination des deux hémisphères est apparemment et normalement assurée par le corps calleux qui est une câblerie de neurones qui relient les deux hémisphères.
Gazzaniga nous montre que notre hémisphère gauche peut continuer de fonctionner sans l'hémisphère droit pour aboutir à des conclusions tout à fait surprenantes.
C'est en tentant de soigner des épileptiques que le phénomène est apparu.
On traitait aux USA il y a quelques années les épilepsies en déconnectant les deux hémisphères gauche et droit.
Les chirurgiens américains sectionnaient le corps calleux qui est constitué de millions d'axones de neurones qui relient les zones de l'hémisphère gauche et de l'hémisphère droit.
Des résultats curieux en découlent, les deux hémisphères manifestant deux activités cérébrales distinctes et indépendantes.

Un patient ayant subi une telle opération peut saisir et allumer un briquet dans sa main gauche sans être capable de dire ce qu'il a dans sa main gauche.
L'hémisphère droit, qui contrôle la main gauche, manifeste une conscience du briquet, mais l'hémisphère gauche qui détient les zones du langage ne peut dénommer l'objet puisqu'il ne reçoit aucune information sur la forme du briquet en provenance de l'hémisphère droit.
Ce qui n'empêche pas la main gauche, commandée par le cerveau droit, d'allumer le briquet c'est-à-dire d'échanger avec l'environnement des informations et de l'énergie, c'est-à-dire de vivre.

Gazzaniga se livre en 1977 à l'expérience suivante.
On montre au patient un écran. Sur la partie gauche de l'écran apparaît soudain un message « Marchez. »
Le patient ne dit rien mais se lève et va vers la porte.
Gazzaniga demande alors à son patient « Où allez-vous ? »
Le patient répond : « Je vais à la maison chercher un jus de fruit. »
En fait, seul l'hémisphère droit, qui contient les zones sensorimotrices a vu le message dans la partie gauche du champ visuel sans pouvoir le transmettre à l'hémisphère gauche.
L'hémisphère gauche, qui est seul à pouvoir comprendre la parole mais qui ignore ce que fait le cerveau droit qui a déclenché la marche, comprend cependant que son corps est en train de marcher vers la porte.
Le cerveau gauche élabore alors une interprétation fictive consciente, « Je vais à la maison chercher un jus de fruit », au lieu de dire : « Je suis en train de sortir de cette pièce sans savoir pourquoi. »
Le patient a imaginé sans attendre un scénario fictif qui justifie sa position en l'absence d'informations.

Mais, en tant que sujets sains, nous sommes tous ainsi, nous imaginons sans cesse des histoires déconnectées de la réalité.
Mon fils est en retard à notre rendez-vous : immédiatement j'envisage toutes sortes d'hypothèses des plus ordinaires aux plus dramatiques.
Dans chaque situation de multiples scénarios tournent dans notre esprit. Une combinatoire effrénée est en marche et mon cerveau me propose mille scénarios fantasmatiques que je m'efforce tant bien que mal de contrôler à la lumière des quelques détails pratiques que je possède.

Nous anticipons en permanence l'évolution de notre situation pour nous adapter aux circonstances et agir. Ces anticipations sont des représentations. Ces représentations sont non seulement des fictions mais des fantasmes d'autant plus nombreux que je n'aurai pas d'éléments pour revenir sur Terre. Je suis perdu dans le monde de la croyance.

Remarques sur la IIème Partie Notre corps échange et notre cerveau fantasme

Nous imaginons ce que nous ne voyons pas et ce présupposé imaginé devient une croyance d'autant plus inébranlable qu'elle n'a pas de contradicteurs dans le champ de l'imagination. Chacun, en effet, est libre d'imaginer son monde.

Le scénario du monde que chacun imagine dépend du hasard de la combinatoire des neurones en action.
Pour oublier ces croyances il faudra attendre que les générations passent, que les civilisations passent, avec leurs dieux et leurs fantasmes.

Nous avons constaté que notre corps échange pour sa survie avec son environnement physique tandis que notre cerveau imagine et fantasme, qu'il soit ou non connecté à la réalité. Cette capacité à fantasmer a engendré des dogmes tels ceux du cartésianisme, de l'art conceptuel ou des fanatismes religieux qui ont tous le point commun d'étouffer la vie.
Ainsi, à ce stade de notre étude, nos perceptions sont sources d'illusions et nos représentations résultent de nos fantasmes, or celles-ci sont les deux voies d'approche de la réalité physique, fuyante pour

la perception du physicien, mais avec laquelle notre corps échange à chaque instant pour rester en vie.

Cette constatation de l'échange permanent du vivant avec son environnement physique contredit la vision de Kant qui voyait dans le monde physique un noumène inatteignable.
Mais le phénomène de la vision, qui ne voit le monde qu'à travers ses capteurs, n'exclu pas la réalité du corps physique qui continue d'exister bien qu'il ait été rejeté en occident de Platon aux idéalistes allemands.

Le corps physique vivant ne peut exister qu'en symbiose et en échange permanent avec son milieu physique.
Nous sortons aujourd'hui difficilement de vingt siècles d'obscurantisme et d'idéalisme abstrait.

Il est grand temps de ne plus avoir peur de notre corps, de le connaître, de savoir l'habiter au lieu de le mépriser ou de l'ignorer.

La phénoménologie enrichie des neurosciences donne aujourd'hui naissance au principe des trois réalités qui nous permet d'articuler des approches de problèmes pertinents et d'éviter des confusions dans la définition de notions qui sont en fait polymorphes, autant d'approches générant autant de découvertes.

IIème PARTIE Nous sommes le monde physique

Introduction – La matière s'organise

Nous avons vu que, contrairement à l'idée de Kant, le monde physique est parfaitement tangible. Notre corps est en échange permanent avec le monde physique. A chaque instant nous respirons l'air et l'oxygène que nous absorbons se fixe sur les globules rouges qui vont livrer aux muscles l'énergie dont ils ont besoin.
Les radiations solaires nous permettent de fabriquer notre vitamine D. Nous ingérons toutes sortes d'éléments que nos organes sont capables de traiter pour y puiser les sucres, les graisses, les protéines et les vitamines dont ils ont besoin. Notre corps a construit au cours de l'évolution darwinienne des capteurs permettant de détecter les signaux positifs ou hostiles à notre survie. De ce fait nous sommes démunis devant l'évolution rapide des technologies, par exemple lorsque nous respirons de l'oxyde de carbone inodore.

Au niveau de nos capteurs visuels, la voie visuelle dorsale permet de renvoyer une balle de tennis sans erreur.
C'est la voie ventrale du cerveau visuel des formes et des couleurs qui, par les illusions qu'elle génère, ne parvient pas à saisir le réel physique sans ambigüité.
C'est cette construction bricolée par l'évolution aléatoire darwinienne qui nous conduit à des erreurs d'appréciation de notre environnement.

Rappelons maintenant sommairement et simplement deux choses :
- la matière s'est organisée pour créer le vivant, c'est ce que nous enseigne la chimie prébiotique,
- à l'échelle du vivant on observe des collaborations symbiotiques, c'est ce que nous voyons en biologie, en zoologie et en ethnologie.

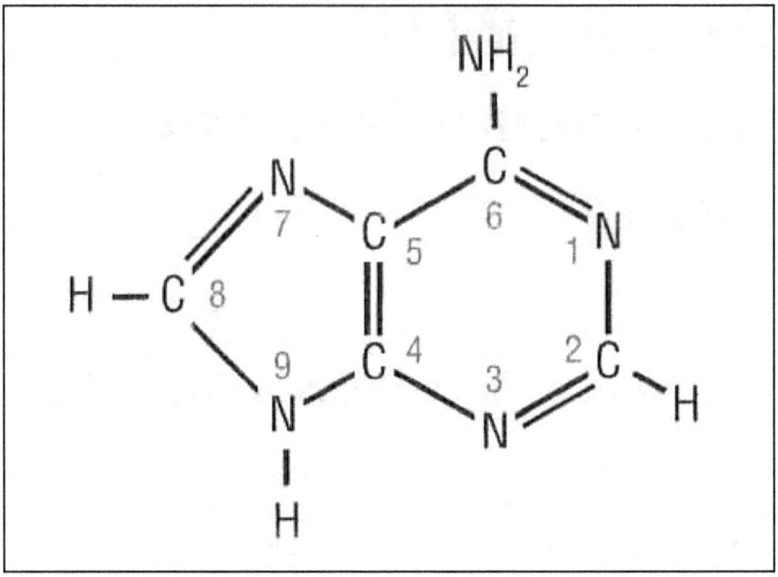

Les composés organiques qui composent le vivant sont une combinaison d'éléments minéraux ; carbone, oxygène, azote, hydrogène. Il s'agit ici de la figure de l'Adénine qui est l'une des quatre briques de base de l'ADN qui porte notre message génétique. Cette substance a été constituée de façon très simple en 1953 par Stanley Miller avec un arc électrique, c'est-à-dire de la foudre, appliqué sur une soupe de substances minérales hydrogénés.

Chapitre 1 Nous sommes de la poussière d'étoiles

Le monde physique minéral s'est organisé en fournissant lui-même les premiers éléments organiques de la chimie prébiotique.
Nous avons récemment reconstitué en laboratoire cette phase de la naissance du vivant.

Si nous nous plaçons à une plus grande échelle qui est celle du vivant, nous constatons que vivons un échange permanent avec l'environnement minéral, mais aussi avec le vivant, en particulier lorsque nous profitons d'échanges symbiotiques.

1.1 Stanley Miller et John Sutherland

Stanley Miller a reconstitué en 1953, à Chicago, une atmosphère de substances hydrogénées qu'il a soumises à des décharges électriques que nous appelons sur Terre la foudre. Cette atmosphère représentait la soupe originelle qui environnait notre planète naissante.
Au bout d'une semaine, Miller décela dans son bocal les pièces de base de la chimie organique c'est-à-dire de la chimie du vivant : acides aminés, eau, formaldéhyde, ribose, acide cyanhydrique, adénine.
Des quantités d'expériences ont eu lieu apportant d'autres acides aminés, des pyrimidines, des purines et des sucres.

En 2007 John Sutherland, Matthew Powner et Béatrice Gerland de l'Université de Manchester, en Angleterre, réussissent à synthétiser, en l'absence de protéines, deux bases sur quatre des bases azotées de la molécule d'ARN qui porte l'information génétique.
Leur idée a été d'apporter à une soupe prébiotique de l'énergie de façon aléatoire sous forme d'arc électrique, mais en respectant la périodicité diurne et nocturne propre à la Terre.

1.2 Le vivant échange en permanence avec l'extérieur

Le vivant doit maintenir son équilibre interne. Il ne peut le faire que de façon dynamique en fonction des variations de l'environnement. Pour cela une cellule ouvre et ferme ses portes autant que de besoin. Tout animal absorbe l'environnement et y rejette ses déchets après y avoir puisé l'énergie consommée. Ainsi le vivant exporte son désordre interne et ne peut vivre et se développer que dans son écosystème.

Selon Heidegger, en tant que philosophe, nous sommes l'être jeté au monde, nous sommes l'être là, présent au monde, ici et maintenant. Mais nous sommes aussi partie du monde, nous sommes non seulement « là » mais aussi « le-là. »

1.3 L'émergence de l'esprit

L'émergence est un phénomène qui nous étonne mais qui est courant dès les niveaux les plus élémentaires.

Le Chlore et le Sodium sont très agressifs mais le sel de table est indispensable à la vie. L'oxygène nous brûle, l'hydrogène est dangereux mais l'eau est le support de notre construction organique. La foudre émergeant des nuages a créé la vie. Un comportement de défense ou d'attaque émerge d'un virus. Un comportement social émerge d'un groupe de bactéries.

De même pour un orchestre symphonique, l'activité propre du système orchestre, constitué des sous-systèmes de musiciens, génère la vie de la musique, objet unique et éphémère qui crée en moi une émotion. L'activité propre d'un système génère son comportement, c'est-à-dire la vie que nous en percevons. Notre esprit émerge de l'activité de nos neurones cérébraux et corporels.

Nous avons défini la pensée comme l'ensemble des activités cérébrales qui s'expriment dans la décision, la planification, la perception, la représentation, et qui peuvent se dérouler en mode conscient ou inconscient.

L'altérité de l'autre est l'image neuronale de l'autre prise en charge par ma pensée.

Chapitre 2
Le vivant est symbiotique

Les cellules des plantes et des animaux ont un noyau.
Elles contiennent aussi des organites, comme les mitochondries et les plastes, dont les ancêtres étaient des bactéries.
Ces bactéries vivent en parfaite collaboration positive avec leur hôte.
On observe de telles associations symbiotiques à l'échelle du corps ou des communautés animales.

1.1 La cellule à noyau, une auberge espagnole

Les cellules eucaryotes sont des êtres vivants dotés de noyau. Il s'agit soit d'unicellulaires (amibes, paramécies, etc.), de taille généralement plus grande que les bactéries de 10 à 100 microns, soit d'organismes pluricellulaires champignons, plantes, invertébrés et vertébrés.
La cellule eucaryote contient des compartiments et des organites spécialisés : le noyau contenant le matériel génétique, les mitochondries contenant les enzymes nécessaires à la respiration de la cellule, les plastes contenant les enzymes et les pigments nécessaires à la photosynthèse des plantes et des algues, les ribosomes contenant les ARN nécessaires à la synthèse des protéines.
Cependant, si les organites des cellules eucaryotes étaient apparus de façon progressive on devrait trouver des formes intermédiaires. Or ce n'est pas le cas.
Lynn Margulis en a conclu que nous sommes en présence d'anciennes bactéries vivant en symbiose avec une cellule plus importante, en se fondant sur les observations suivantes. Les mitochondries et les plastes ont des dimensions semblables à celles des bactéries. De plus, ces organites contiennent de l'ADN, de l'ARN messager, des ribosomes et des ARN de transfert qui leur permettent de se multiplier indépendamment du noyau cellulaire et synthétiser certaines de leurs protéines avec leurs propres gènes.

Cela indique que ces organites ont été jadis capables de se reproduire et de synthétiser la totalité de leurs protéines.
Ces organites ont pu avoir pour ancêtres des bactéries qui, originellement, vivaient indépendamment. Elles seraient ensuite devenues les hôtes permanents de plus grosses bactéries, et il se serait établi ainsi des symbioses entre les différents partenaires, ce qui allait donner les premiers êtres unicellulaires eucaryotes.

1.2 L'écosystème indissociable du vivant

Qu'est-ce qu'une symbiose ? Il s'agit de l'association de deux sortes d'êtres vivants, trouvant chacun avantage à cette association.
Une symbiose est un partenariat gagnant-gagnant entre deux êtres vivant.

Le cas souvent cité est celui du bernard-l'ermite, crustacé se logeant à l'intérieur d'un coquillage abandonné, et d'une espèce d'anémone de mer qui se fixe à l'extérieur de la coquille. L'anémone protège le bernard-l'ermite grâce à ses tentacules urticants et, en retour, profite des déchets alimentaires du crustacé.

De même la paramécie *Paramecium bursaria* héberge des algues vertes unicellulaires du genre *Chlorella3.* Cet organisme cilié très mobile, habitant la surface des eaux douces, recherche des habitats bien éclairés par le Soleil : les algues profitent de cette exposition et produisent alors, par photosynthèse, un maximum de substances dont la paramécie se nourri.

La flore intestinale est un bon exemple de mutualisme c'est-à-dire de coopération entre différentes sortes d'organismes impliquant un avantage pour chacun.

Les organismes en symbiose ont acquis des particularités métaboliques qu'ils n'ont pas à l'état séparé ; l'association est transmise de génération en génération.

On connaît aussi des associations comme celle du poisson pilote ou des poissons ventouses qui profitent d'un requin pour voyager.

Un autre phénomène est celui de l'adaptation du vivant à l'écosystème. Un exemple est celui de la parfaite adaptation du riz aux pays asiatiques et du fait que les asiatiques possèdent pour digérer le riz une enzyme de digestion du riz que les occidentaux n'ont pas.

1.3 Husserl et l'impossible équilibre sans environnement.

Une cellule vivante, comme tout être vivant, est en échange permanent avec son environnement. Elle ouvre et ferme ses portes en fonction de ses besoins de fonctionnement, de développement et de reproduction.

Supprimer l'environnement d'une cellule revient à faire mourir la cellule. Dans certains cas, pour survivre, les bactéries sporulent ou adoptent des modes de vie végétatifs lorsque l'environnement devient hostile, ce qui veut dire, dans ce cas, que l'environnement, bien qu'hostile, existe encore. Ces bactéries reprennent leurs échanges quand les conditions extérieures s'améliorent.
Or c'est cette hypothèse de suppression de l'environnement d'un être que Husserl émet dans ses *Méditations cartésiennes* lorsqu'il prétend que l'altérité de l'autre est un « moi pur » qui n'a besoin de rien pour exister. L'Autre existerait alors sans que personne ne l'ait identifié.
Cette idée est en effet concevable dans une philosophie hors-sol d'inspiration platonicienne, mais n'a pas de sens sur notre Terre.
Nous devons nous méfier des intuitions transcendantales qui sont utilisées comme représentations du monde, en l'occurrence d'un monde qui n'existe pas, qui ne tient pas compte des réalités physiques et perçues.
En fait nous savons que l'Autre, biologiquement, ne peut vivre qu'en société, en relation avec l'environnement et d'autres êtres vivants, qu'une cellule musculaire vit dans un muscle, que les bactéries legionella ou staphylo savent se regrouper, donc se reconnaître, qu'elles ne développent qu'en groupe certaines protéines qui leur permettront de survivre en cas d'agression.

Remarques sur la IIème Partie
Un cerveau composite

Nous avons des difficultés à comprendre le monde physique, certainement à cause de la qualité insuffisante de nos instruments de mesure, mais surtout du fait que nous avons toujours des présupposées sur les choses que nous observons avant même de les avoir observées.

Notre corps pour sa part, sans tenir compte du cerveau logique, sait bien quels sont ses besoins physiques, se manifeste et agit en conséquence pour assurer sa survie.

Kant (1724, 1804) a voulu développer ce qu'il appelait la raison, c'est-à-dire la faculté de connaître, de juger et d'agir conformément aux normes sociales, tout en laissant une part à la croyance pour permettre, selon lui, la moralité et l'espérance.
Cette ligne de partage entre la raison et la croyance a été fructueuse en étant favorable au développement du rationalisme de Descartes et de la pensée scientifique moderne.
Mais cette ligne de partage a aussi été désastreuse dans la mesure où elle acceptait d'ignorer le corps, conduisant par là l'homme moderne à des impasses humaines et sociétales.

La philosophie d'Heidegger (1889, 1976) apparaît alors comme un retour à la Terre lorsqu'il nous invite à vivre là, à être ce monde.

IVème Partie
Les trois réalités ici et maintenant

Introduction
Le doute de Pirandello (1867, 1936)

Pirandello a produit pour le théâtre, en 1929, un drame étrange intitulé « Comme tu me veux. » Une femme absente pendant vingt ans revient et prétend être l'épouse de son mari. Le mari la reconnaît mais ses amis sont perplexes. Ces derniers ne la reconnaissent pas vraiment et arrivent à introduire le doute dans l'esprit de l'époux. Une enquête de type policière se développe. Finalement à cours d'arguments sur des souvenirs de voyage ou de preuves matérielles comme des grains de beauté, l'épouse dit à son mari, « Mais qu'importe, je suis comme tu me veux. »
Qu'importe en effet la réalité physique puisqu'il n'est plus capable de se souvenir de l'existence de ces grains de beauté, qu'importe la réalité perçue puisqu'elle n'est plus aujourd'hui pour lui celle qui le faisait rêver, qu'importe comment il se la représentait puisque l'idée qu'il avait de son épouse s'est modifiée au cours du temps.
L'époux est devant une nouvelle femme dont la matérialité, les réactions qu'elle suscite chez lui et l'idée qu'il s'en fait, lui sont devenues étrangères. Il aurait pu retrouver sa femme si l'une au moins des trois approches, physique, perçue, ou représentée, avait été fructueuse.

Nous comprenons déjà que ces trois réalités vont dépendre d'un lieu et du temps.

Le choix d'un point de vue

J'étais avec un ami dans un restaurant bourgeois guindé et je connaissais ses opinions politiques.
Nous étions heureux de nous retrouver et nous avions commandé pour commencer pour lui un *berrichon*, soit un Menetou rouge à la framboise, et pour moi un *communard* c'est-à-dire un Menetou rouge au cassis. Quelques minutes plus tard un serveur en smoking s'avance cérémonieusement avec sur son plateau les deux verres attendus et annonce « Un *berrichon* et un *cardinal* ! ». Voila mon communard transformé en cardinal ! Je me suis demandé si une telle chose était buvable. Il s'agissait pourtant bien d'un Menetou avec du cassis. Assurément l'imaginaire poétique évoqués par le concept de communard n'était pas la même dans les deux cultures, la mienne et celle du patron du restaurant bourgeois.
Cette petite aventure résume peut-être les trois cents pages de l'essai intitulé « *Qu'est-ce que la philosophie ?* » dans lequel Deleuze et Guattari exposent le truisme selon lequel un concept n'est valable que par rapport à un plan conceptuel, que nous pouvons comprendre comme un paysage culturel, lequel n'est accessible, à un instant donné, que d'un point de vue.

Cependant cette évidence ne doit pas être oubliée à la lecture des exercices qui suivent. Les trois réalités proposées pour chacun des concepts approchés se réfèrent de toute façon à notre époque et à des contextes culturels variés. Le lecteur ne doit donc pas considérer les fiches qui suivent comme une explication des choses, mais comme une invitation à s'impliquer dans une approche multiple et riche du monde afin d'éviter des malentendus avec soi même et avec les autres. Ceux qui ont fait de la marine à voile ont appris à trianguler leur position le long des côtes de l'océan pour situer les circonstances. Rien n'est jamais certain, mais probable, et c'est un regard pluriel et diversifié qui nous permet de comprendre les choses.

Nous étudierons, dans cette quatrième partie, la nature des trois réalités à partir d'exemples quotidiens d'aujourd'hui. Nous tenterons ensuite de tracer les lignes générales propres à chacune de ces trois réalités.

Chapitre 1
Exemples actuels et quotidiens des trois réalités

1.1 La négociation commerciale : comment concrétiser une affaire

Que veut dire concret ?
Rappelons que réaliser quelque chose de concret est faire preuve d'intelligence. Concret ne veut pas dire simplet.
Dans le commerce on vise à créer un échange durable de biens et de services contre un flux financier.
L'intelligence tient compte de multiples facteurs.

Nous négocions tous les jours et sans cesse.
Ma négociation, à la minute présente, se soldera-t-elle par un échec, un succès, une victoire à la Pyrrhus, un résultat gagnant-gagnant ?
Si je veux conserver des relations commerciales stables (point de vue choisi), j'adopte l'objectif d'une négociation gagnant-gagnant.

Une négociation réussie doit tenir compte des trois approches de la réalité du point de vue du client

Représentée
Ce qu'il dit,
comment il voit le monde.

Perçue
Ce qu'il ressent,
comment il fonctionne.

Physique
Ce que je dois savoir,
les faits concrets purs et simples que je dois connaître.

Autrement dit, je dois prendre en compte non seulement le partenaire avec son histoire et sa psychologie mais aussi l'environnement dynamique qui sert de cadre et de toile de fond à cette négociation.
Il semble en effet bien naturel, en l'occurrence, de rester réaliste et de tenir compte des multiples facteurs qui concourent à la création et au maintien de relations stables et durables.

Le point de vue représenté dans ce graphique est celui du commerçant qui doit être capable de se déplacer mentalement dans les trois réalités de son client pour les faire converger vers l'action.
L'action commerciale consiste à trouver un terrain d'entente, les termes d'une communication et d'un échange positif pour les deux partenaires.

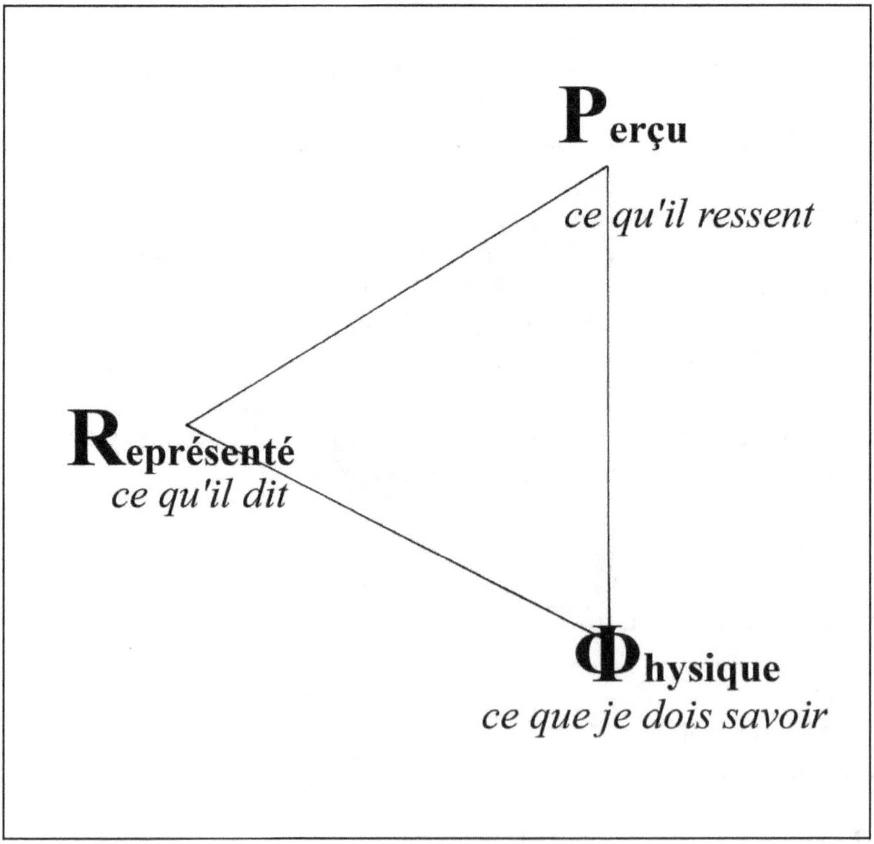

1.2 *Une pièce de monnaie*

Une pièce de monnaie est **physiquement** une rondelle de métal, plus ou moins décorée, **perçue** comme le pouvoir d'acheter chez le boulanger, mais aussi le sentiment de consommer son destin ou le sentiment de manipuler le monde, **représentée** en dessin par
un cercle, si elle est vue de face,
un segment de droite, si elle est vue de profil,
une ellipse, si elle est vue de biais.

Le point de vue est celui de l'homme commun.

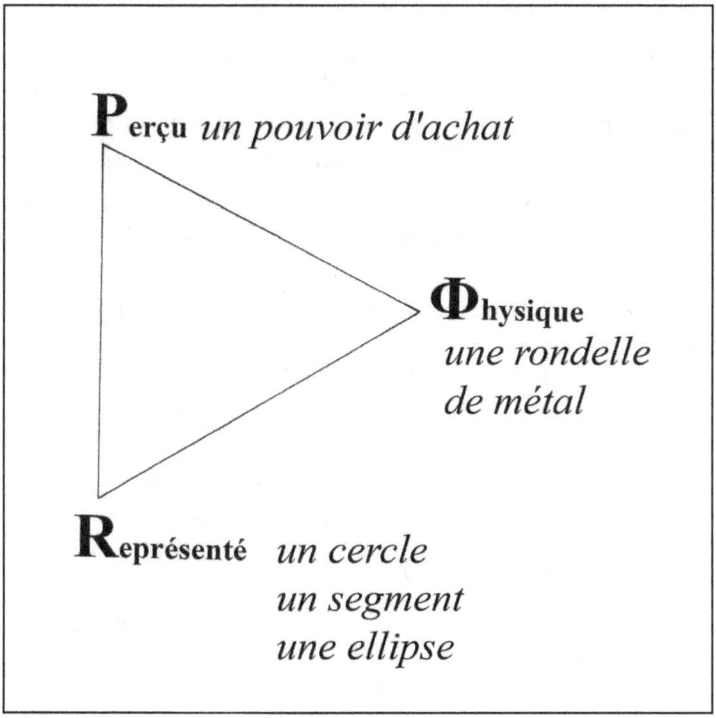

Mais si nous prenons le point de vue du numismate, une pièce est **physiquement** une pièce de métal, **perçue** comme un objet d'une grande valeur historique, révélatrice d'échanges en des endroits peut-être inattendus et **représentée** par les termes appropriés rapprochés de représentations ou de textes anciens.

1.4 Le Soleil : pourquoi la lumière est neutre

Nous **percevons** le Soleil comme une source de lumière et de chaleur. Les Egyptiens le **représentaient** comme le dieu Râ à tête de faucon portant sur sa tête le disque solaire. Mais p**hysiquement** c'est une étoile, c'est-à-dire une grosse masse visqueuse de matières en fusion qui crachouille de l'énergie dans toutes les directions sous forme de lave, de rayonnements nucléaires alpha, bêta, gamma, etc.
Le Soleil se moque éperdument d'envoyer des radiations dans le cosmos, il émet de l'énergie n'importe comment, sans aucune finalité.

C'est pourquoi l'artiste, qui connaît aujourd'hui les lois du hasard de la mécanique quantique, considère que la lumière est « neutre » et qu'il lui attribue, à l'occasion de la peinture de ses toiles, les qualificatifs qui correspondent à sa perception, selon ses besoins, en fonction des effets recherchés : la lumière sera molle, dure, électrique, livide, sombre, fraîche, ou traversante, pour apporter à ses tableaux des ambiances électrique, joyeuse, sidérale, brûlante, ou glaciale.

Le point de vue est celui de l'homme heureux de décloisonner ses connaissances.

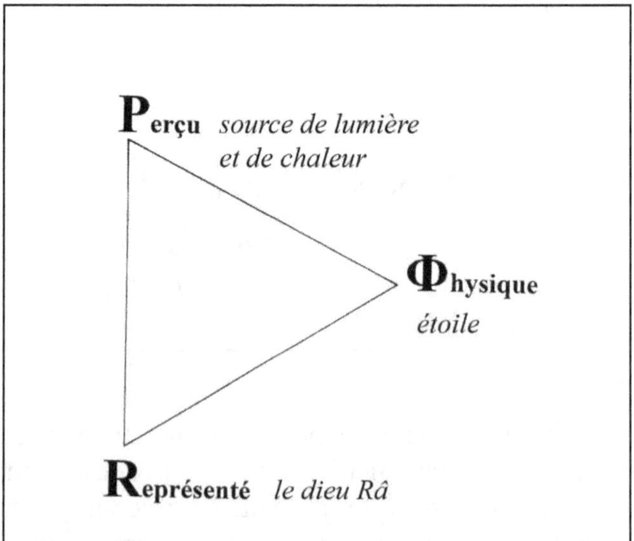

1.4 La lumière visible et la couleur.

La lumière est **physiquement**, suivant les expériences à expliquer, soit de l'énergie solaire propagée en ligne droite, soit une onde périodique, soit une pluie de grains d'énergie. En théorie c'est une onde électromagnétique. La lumière visible est un ensemble de fréquences dans une plage de fréquences visibles. Une fréquence particulière correspond à une couleur.
La couleur est **perçue** comme une qualité de l'objet et de la lumière reçue, ou à travers un prisme de verre comme un arc-en-ciel, ou bien à l'écoute d'un compteur Geiger comme des petits grains de pluie qui font crépiter le haut parleur.
Elle est **représentée** par les peintres classiques à l'aide de zones de couleurs claires en contraste avec des zones d'ombres, c'est-à-dire par des pigments. Mais nous savons que la couleur a changé historiquement de signification, au Moyen Age le bleu étant alors une couleur chaude.

Le point de vue est celui de l'homme actuel.

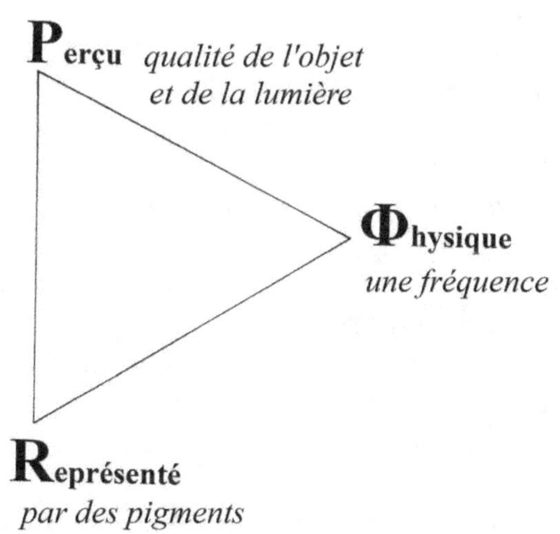

1.5 L'exécution d'un tango : le présent passé et le présent futur

Physiquement nous sommes dans le présent.
La tribu a fixé la date et l'heure de ce rendez-vous qui est maintenant arrivé. Le tango est une danse populaire, c'est-à-dire, un instant d'échange affectif et collectif avec sa tribu.
Des codes sont à respecter, sinon le groupe des danseurs ne ressemble plus à rien, l'esthétique disparaît, la musique donne le la, donne le rythme du pas, même si une infinité de pas et de figures reste possible à chaque seconde.
Le peintre saisit sur sa toile des éléments de chaque instant du moment qui se déroule. Le présent, comme entité physique ne se livre pas en totalité, nous n'en percevons qu'une infime part éphémère. Saisir le présent comme s'il s'agissait d'une éternité ou d'une totalité ne serait qu'une vision de la mort.

La perception est celle du futur immédiat.
Le danseur décide, c'est-à-dire qu'il anticipe, mène l'action, il est dans le futur. Les deux danseurs sont sternum contre sternum, la partenaire indique ce qu'elle veut à son cavalier par son torse ou la position de ses pieds au sol.
Les danseurs peuvent donc en permanence improviser sur la musique.
La musique, improvisée ou non, est pour la collectivité des danseurs une source interprétée en gestes propres à chacun.
Noëlle me disait « *Michel doit faire attention à cinq choses :*
à la figure qu'il déroule, à la figure qu'il va dérouler, aux réactions de sa partenaire qui le suit ou va le suivre ou qui va lui demander d'exécuter une figure, aux obstacles qu'ils sont sur le point de rencontrer et bien sûr à la musique.
Pour réaliser cela il faut passer comme Alice de l'autre côté du miroir. Dans un état d'autohypnose, nous sentons des sensations de toutes sortes et nous exécutons les gestes qu'il faut. »

La représentation de l'exécution du tango relate le passé,
Le danseur devient observateur. L'observateur reconstitue la scène qui s'est déroulée ou qu'il imagine à partir de son expérience passée. L'observateur est dans le passé avec toute sa mémoire mobilisée.

Sa mémoire épisodique relate l'histoire d'un moment heureux, les gestes, les odeurs, la musique, la légèreté des corps, l'intensité des esprits, le sentiment de remplir la salle de bal, la mélodie qui emportait le couple.
Je peux aussi tenter de revivre le passé, organiser une nouvelle séance de danse, me représenter dans le futur ce qui serait une nouvelle séance de danse, mais je sais que rien ne sera comme avant et que me faire une idée du futur n'est que ma démesure de vouloir lutter contre le hasard. Jamais le futur que je vivrai ne ressemblera au futur que j'ai imaginé.

Le point de vue est celui des danseurs.

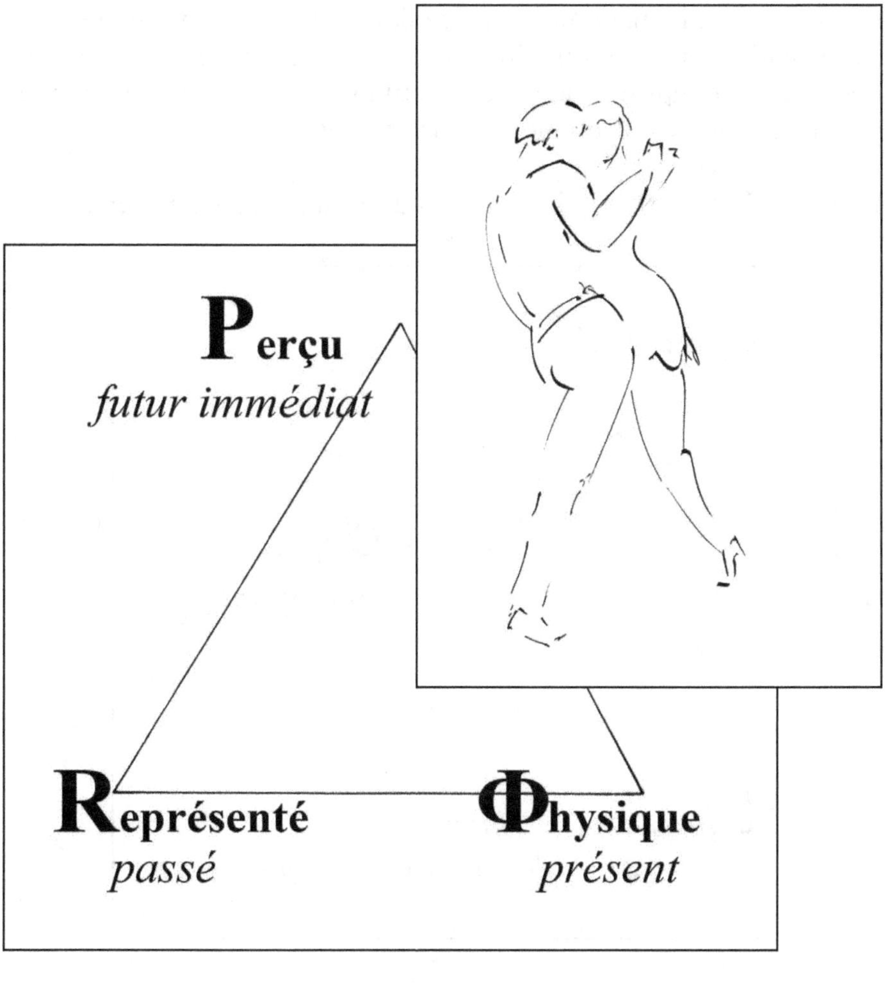

1.6 Le temps

Que dire alors du temps qui s'écoule dans un seul sens ?

A vrai dire les **physiciens** ne savent pas vraiment ce qu'est le temps, ni comme étant, ni comme être, pas plus qu'ils n'expliquent la flèche du temps. Cela n'empêche pas de couvrir des pages d'équations en tenant compte de cette variable qui permettait à Aristote d'expliquer le mouvement.
Pour Bergson et Husserl le temps **perçu** est celui de la durée psychologique.
Le temps a été **représenté** dès l'apparition des premiers instruments conçus pour le mesurer : cadrans solaires et pendules.
Le temps mathématique et mécanique est une représentation des mathématiciens grecs qui l'ont traité comme une des dimensions de l'espace. Le temps occidental est rectiligne et s'écoule régulièrement.
Le temps indou est cyclique dans un éternel retour.

Le point de vue est celui du chercheur errant dans les Enfers.

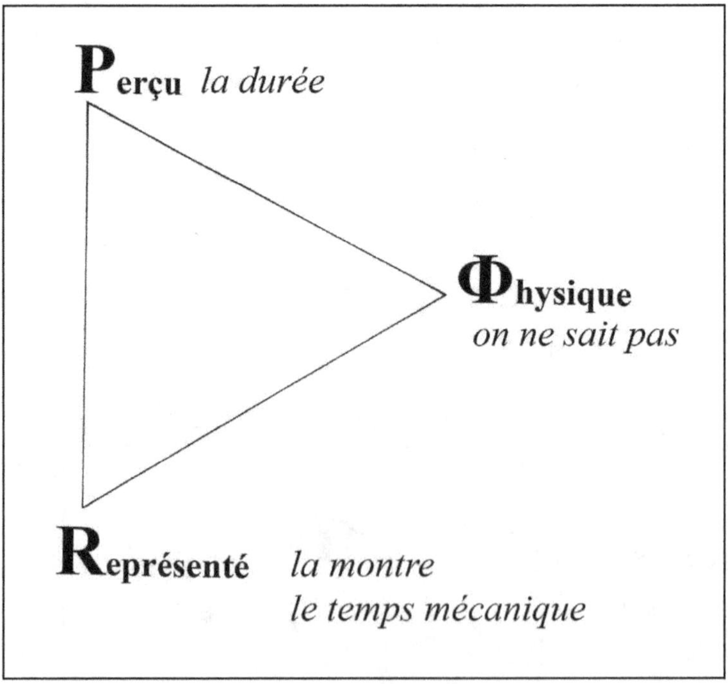

1.7 La musique

Qu'en est-il de la musique ?

Il s'agit de vibrations pour le **physicien** Helmholtz et les médecins. Elle est **perçue** comme une source d'émotions par les musiciens, ceux qui l'écoutent et ceux qui dansent au son de la musique.
Elle est aussi perçue comme une source directe d'accès à la connaissance, à la communication avec le monde. Mais si j'écoute de la musique traditionnelle chinoise, je n'y comprends rien, mon sentiment d'accès à la vérité est sérieusement écorné.
Elle est **représentée** par les compositeurs comme une partition aux allures mécaniques, support d'une émotion à transmettre, émotion qui n'a rien de mécanique.

Le point de vue est celui du chercheur qui doit endosser successivement la culture de chaque intervenant cité : le physicien, le musicien, le compositeur.
Chaque culture correspond à un monde conceptuel, mais aussi à une mémoire sensible individuelle ou collective.

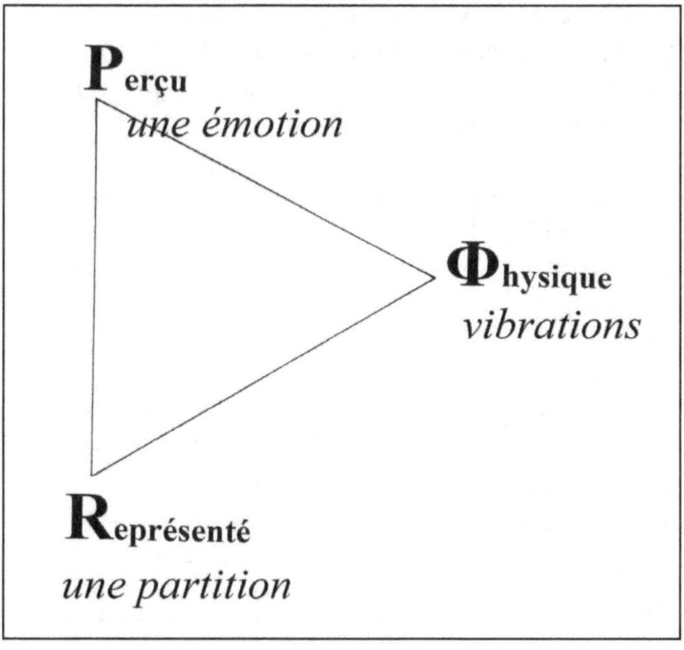

1.8 La verticalité en architecture, l'expérience des piliers courbes.

Robert Delaunay a visité en 1909 l'église de Saint Séverin dans le cinquième arrondissement de Paris et nous a laissé de nombreux dessins et lithographies du déambulatoire.
Le lecteur non averti peut attribuer la courbure des piliers à une fantaisie d'artiste.
En vous rendant sur place vous constaterez que Delaunay a bien vu des piliers courbes. Plus étonnant vous verrez des piliers courbes à Bourges et dans toutes les cathédrales, mais vous verrez aussi des murs incurvés dans les rues de New York ou de San Francisco.

©LM Services BV© photo CNAC/MNAM Dist RMN©Philippe Migeat

Pourquoi donc ne **percevons**-nous pas les piliers droits tels qu'ils ont été construits **physiquement** par les maçons ?
Nous avons en fait deux yeux sphériques qui nous offrent une perception en univers visuel cylindrique.

Le plan qui est constitué par un pilier droit et nos yeux qui sont pratiquement au même point de l'espace coupe le cylindre suivant une ellipse.
Nous voyons donc une ellipse dans l'espace à trois dimensions.

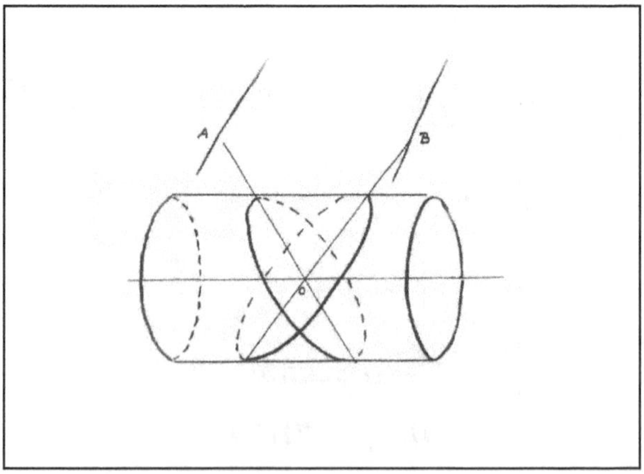

Mais lorsqu'il faut **représenter** sur une feuille de papier, qui est un espace à deux dimensions, ce que l'on voit dans espace en trois dimensions, il faut dérouler (et non pas projeter) le cylindre visuel sur cette feuille de papier.

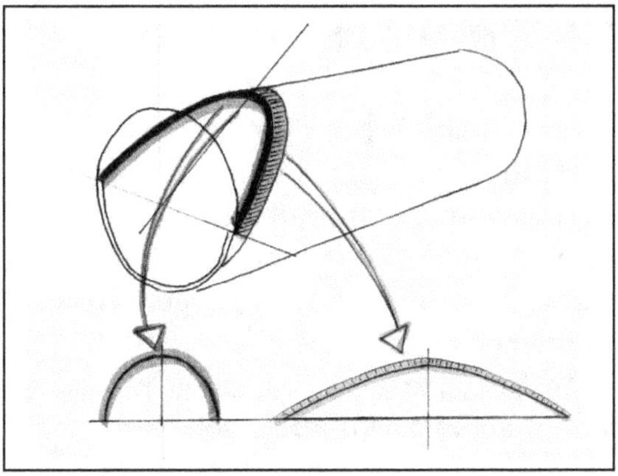

Le déroulement de la peau du cylindre (imaginons un saucisson) donne sur la feuille un arc trigonométrique. La démonstration mathématique en est donnée dans *Dessiner en Perspective Réelle.*

Le point de vue permettant une approche multiple est celui du dessinateur artiste et mathématicien sensible à différentes esthétiques.

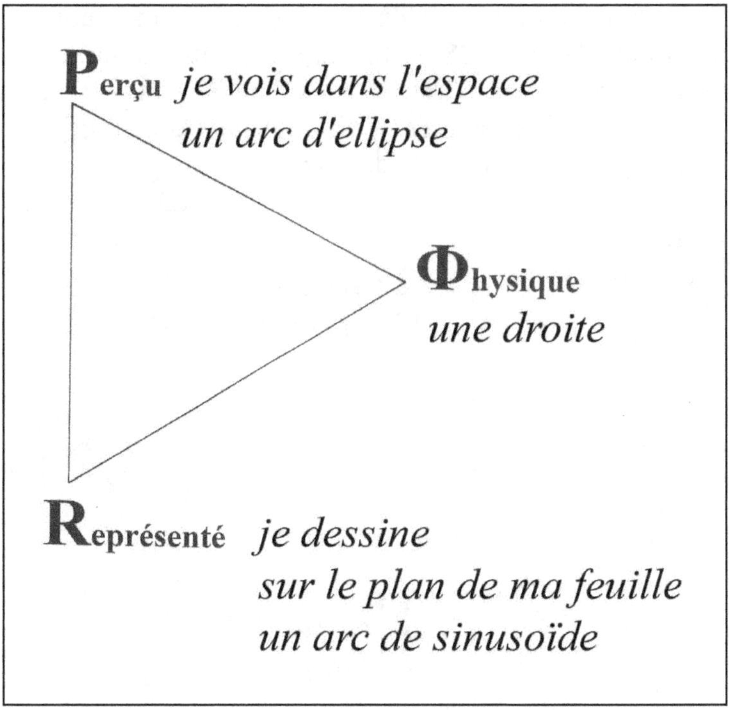

1.9 La mort, le passage au non-être

Les trois réalités occidentales semblent être les suivantes.
Physiquement il s'agit du passage au non-être, l'équilibre homéostatique étant rompu.
Sa **perception** correspond à un malaise du à l'activation d'un marqueur somatique à la pensée de la représentation ou d'une expérience de la mort.
Selon Sénèque (-4, 65), nous n'aimons pas suffisamment la vie au point d'accepter qu'elle s'achève.
Ce moment est **représenté** de multiples façons suivant les civilisations et les cultures d'une époque. Autant d'hommes autant de fantasmes. Dans l'Egypte antique le mort peut vivre avec sa momie qui n'est pourtant que l'apparence de son corps. Chez les Indous l'esprit est réincarné dans un autre corps. Pour le Bouddha le cycle infernal de la réincarnation s'achève dans l'illumination.
Dans l'Antiquité Grecque le Paradis n'existe pas, il n'est ni prédit par les oracles, ni promis par les prêtres.
Pour Homère (-VIIIème) les âmes errent dans les enfers, royaume d'Hadès. Pour Démocrite (-460, -370) les atomes appartiennent au cosmos. Pour Platon (-428, -348) mourir permet d'accéder à la Vérité.
Dans les interprétations chrétiennes actuelles l'âme du mort contemple la face de Dieu, ne pense plus et vit un instant d'éternelle extase.
Chez les scientifiques le cycle de l'azote poursuit son œuvre.

Le point de vue est celui du commun des mortels.

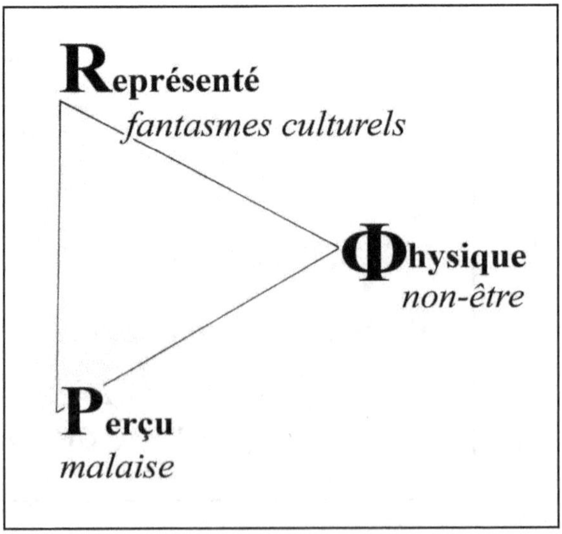

1.10. La vérité trouble du tribunal

Le point de vue est celui du justiciable.

La réalité physique est celle d'une action qui n'est plus.

La réalité perçue est la conviction intime des jurés dans le cas d'une cours d'assises ou des juges dans les autres cas. L'action est toujours présente dans la mémoire du procureur comme une tache qui perdure et qui doit être effacée par la société.

La réalité représentée est celle des faits reconstitués par les dires des témoins, les indices relevés, la concordance des indices, les dossiers révélant des antécédents, les sanctions qui en découlent indiquant la gravité des faits.

Un jugement est alors prononcé compte tenu de ces éléments qui n'ont rien de bien solide. L'action n'est plus. La conviction intime est subjective. Les pièces, les indices et témoignages donnent lieu à des hypothèses, des déductions, des contestations, des scénarios imaginés et demande des moyens, de l'argent et du temps.

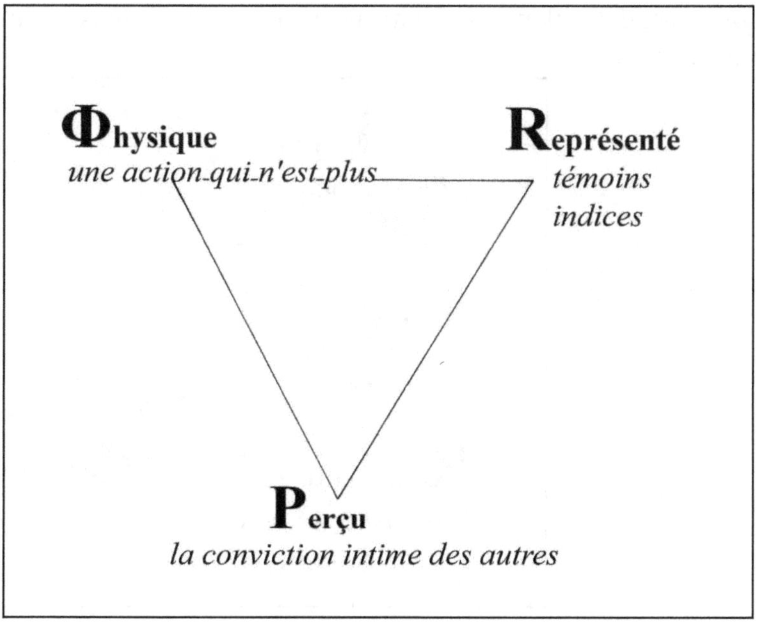

1.11 La Sainte-Trinité chrétienne

Les romains distinguaient *spiritus* l'esprit qui raisonne et *animus* l'âme dans son animalité.

Comment représenter la source de l'esprit pour ceux qui refusent de voir son origine dans la matière ?
Les chrétiens ont imaginé, au lieu d'une source **physique,** une source transcendante à savoir Dieu le Père.
Le Père est **représenté** par la parole du Christ, porteur de son Message.
Et pour que ce message soit **perçu**, il a fallu faire appel à un catalyseur qui s'appelle l'Esprit-Saint qui a eu pour vertu de faire comprendre le Message aux apôtres, en même temps que de les rendre polyglottes pour leur permettre, sinon de sortir de leur monde, au moins d'aller vers les autres pour les convaincre.

Le point de vue est celui des spiritualistes.
L'effort inventif biblique semble avoir puisé sa source dans la mythologie égyptienne. Le dogme de l'Esprit-Saint, comme entité, a historiquement pris forme en donnant progressivement sa place à l'Esprit au même rang que celui du Fils et du Père. L'Esprit est dans cette conception totalement désincarné, autonome, mais animant le Fils comme le Père.

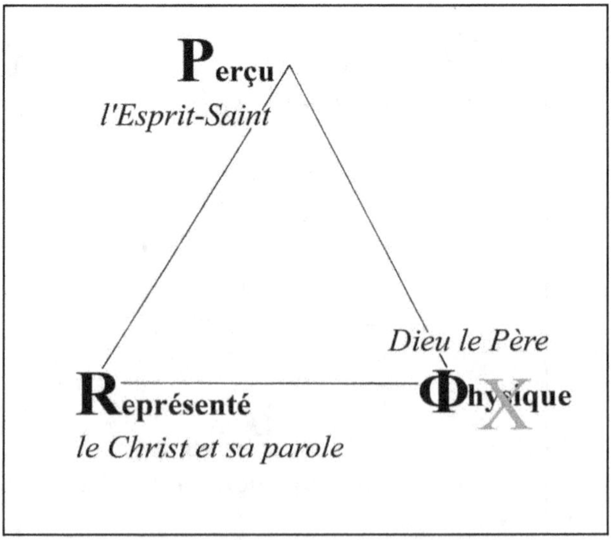

1.12 Les bactéries

Nous vivons une époque de renversement comparable à celle de la Renaissance, nous découvrons tous les jours de nouveaux défis. Arrêtons-nous sur l'un d'eux qui remet en question notre vision anthropologique des choses à savoir le comportement social des bactéries qui n'ont, contrairement à l'homme, ni neurones, ni système nerveux, ni cerveau.

Certaines bactéries ont un comportement pertinent et ingénieux, de défense, d'attaque, individuellement ou en groupe. Elles se reconnaissent, elles développent en groupe des protéines qu'elles ne développent jamais lorsqu'elles sont seules, ce qui leur permet d'assurer la protection de la colonie par un biofilm, elles ont une organisation sociale dans leur stratégie de survie, elles injectent leur ADN sain à une sœur malade d'une attaque d'antibiotique.

Ce phénomène nous interpelle et nous montre que si l'on peut trouver une explication matérielle à nos comportements tels que nous les avons présentés plus haut chez l'homme à partir de son système nerveux, nous sommes en difficulté d'interpréter les comportements bactériens avec des notions anthropologiques, car nous imaginons volontiers, à tort, que tout est à notre image.

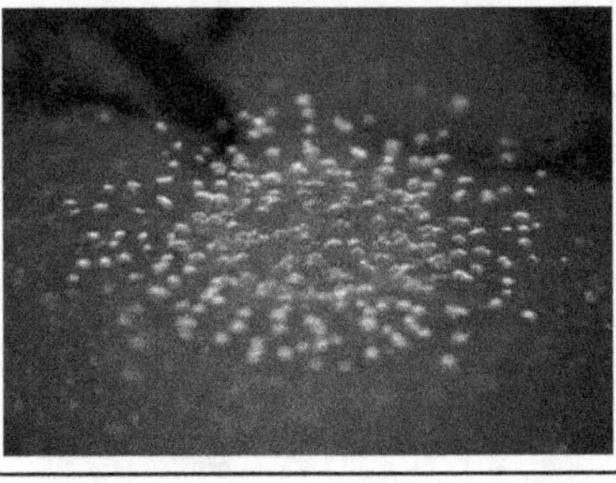

Mycococcus xanthus se rassemblant, ce qui implique qu'ils savent se situer et se reconnaître

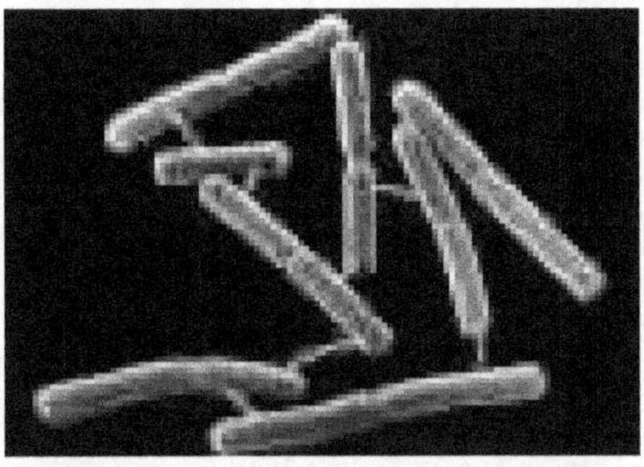

Bacillus subtilis communicant par des nanotubes

Le point de vue est celui du chercheur scientifique qui tient compte des trois réalités.

Physiquement une bactérie est un élément vivant répondant aux lois du vivant c'est-à-dire à celles du hasard, de la thermodynamique, de la génétique et de l'épigénétique.

Nous en **Percevons** un comportement.

Notre **Représentation** de ce comportement est un anthropomorphisme. Nous distinguons les « bonnes » et « mauvaises » bactéries, nous sommes surpris par l'intelligence de leurs stratégies d'attaque et de défense, sans admettre toutefois que ces êtres vivants puissent avoir de l'esprit.

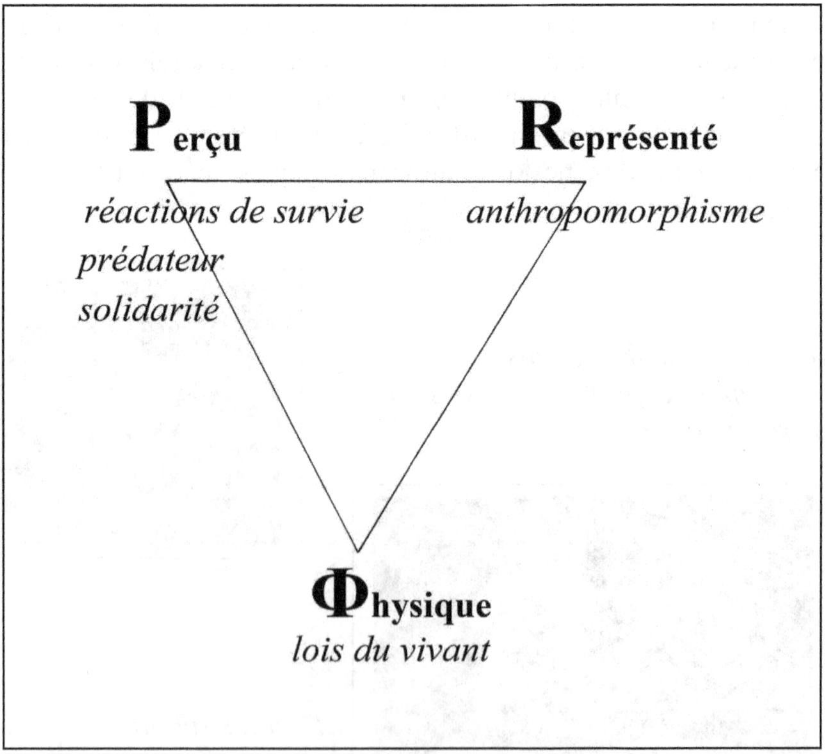

Chapitre 2
La nature des trois réalités

1.1.La réalité perçue

Nous avons vu en Ière partie que les images de la réalité que nous fabriquons ne sont pas des photos de la réalité. Pour la vision nous avons vu que 80% des fibres qui arrivent dans la zone occipitale de la vision ne viennent pas de l'œil.
Nos capteurs nous servent à agir pour survivre, et non à prendre des photos.
La perception prépare l'action.
La perception est un traitement complexe des informations qui proviennent de tout le corps.
Mon équilibre interne déstabilisé est l'émotion de mon corps.
Ma perception est active en fonction de mes intentions d'action, de ma mémoire, de mes anticipations, de mes informations multisensorielles, des réactions de mon corps.
Nous avons vu que les différentes parties du cerveau donnent différents types d'informations qui ne sont pas toujours synchrones mais que notre corps permet des actions immédiates inconscientes et pertinentes malgré notre perception erronée.
La réalité perçue est d'abord une illusion corporelle ou mentale qui ne nous permet pas de décrire avec précision et certitude la réalité physique.

1.2 La réalité représentée

Nous avons vu plus haut en IIème partie que la réalité représentée est le résultat de notre activité neuronale inconsciente et aléatoire décrite telle qu'elle apparaît en neurosciences. Les scénarios invraisemblables et inattendus qui en résultent constituent nos fantasmes lesquels, confrontés à des schémas enregistrés, peuvent éventuellement, quoique rarement, susciter le cri Eurêka.

Mais la fiction qui me permet sans cesse de recomposer le monde est source de ma liberté, rappelle Lionel Naccache.
En recomposant le monde sans cesse je trouverai les scénarios qui me permettront d'anticiper et d'agir, souligne Alain Berthoz.

A un niveau sociétal, lorsque l'on met l'accent sur l'influence de l'intention d'action sur la pensée, la représentation devient pour Michel Foucault l'expression du pouvoir reconstituant dans son intérêt la narration de l'histoire.
Pour Jacques Derrida, en d'autres termes, la fiction de la réalité représentée est le logos décidant du bien et du mal.

1.3 La réalité physique

La réalité physique est immédiate, imprévisible, implacable.
Elle a une vie autonome régie par le hasard.

La réalité physique ne peut toujours être perçue qu'à travers nos sens et nos instruments de mesures qui s'interposent. Elle était, pour Kant, sur cette seule idée, directement inaccessible.
Présentée ainsi la réalité physique est fuyante et contient quelque chose de paradoxal car son essence est d'être d'abord tangible, puisque nous en faisons partie, d'où d'interminables quiproquos comme celui du chat mort ou vivant de Schrödinger lorsque ce dernier veut illustrer la mécanique quantique. En effet Schrödinger parle-t-il dans cette allégorie de la réalité perçue ou bien de la réalité physique, et à quels moments ? Le fameux chat est décrit en annexe.

Ainsi dans notre monde rationnel une déréliction apparaît, une incomplétude logique. Le monde physique par essence tangible ne peut être approché que par les illusions de notre perception, ou représenté par nos fantasmes. Mais c'est notre logos qui nous conduit à une telle absurdité, car le logos n'est pas le monde physique.

La paramécie qui n'a pas de cerveau échange, grandit et se multiplie en permanence en symbiose avec son environnement physique auquel elle ouvre et ferme ses portes en fonction de ses besoins.

Nous avons vu que, dans le monde physique, et nous le constatons à chaque instant, la réalité physique est loin d'être inaccessible, nous vivons dans la réalité physique, en échange avec elle, à chaque seconde. Mon corps a besoin d'air, de soleil, de nourriture.

La réalité physique c'est nous-mêmes immergés dans notre milieu.

1.4 L'autonomie des trois réalités

Chacune des trois réalités évolue à sa propre vitesse.
La réalité perçue, en présence de l'objet, est une fonction de la réalité physique, de la mémoire, des intentions d'action, des besoins corporels et psychiques.
La réalité représentée, en l'absence de l'objet, est une autre fonction de la réalité physique, de la mémoire, des intentions d'action, des besoins corporels et psychiques.
Chacune de ces deux réalités, perçue et représentée, ne sont pas de la même nature, ne correspondent pas aux mêmes besoins, ne sont pas élaborées par les mêmes parties de notre corps, la réalité représentée correspondant au cerveau gauche et la réalité perçue au cerveau droit.
Les deux réalités, perçue et représentée, n'évoluent pas à la même vitesse.
Quant au monde physique, il a sa vie propre, il nait, vieillit et meurt.

Chacun de ces trois mondes, physique, perçu et représenté, est donc autonome, chacun ayant une existence propre et éphémère, même si des liens existent entre eux.
Ainsi l'étoile Soleil se réduit progressivement et deviendra inéluctablement un trou noir.
Notre perception de la chaleur dépend des individus et des circonstances.
Moïse, porteur de lumière, a été représenté pour la dernière fois avec des cornes à la Renaissance par Michel-Ange.

Le Dieu de Moïse n'a pas été identifié par les physiciens, mais il a été perçu par les mystiques jusque dans leurs stigmates et représenté sous la forme d'un vieillard à grande barbe blanche. Les perceptions et représentations en furent multiples et évolutives.

1.5 Liens entre les Trois Réalités

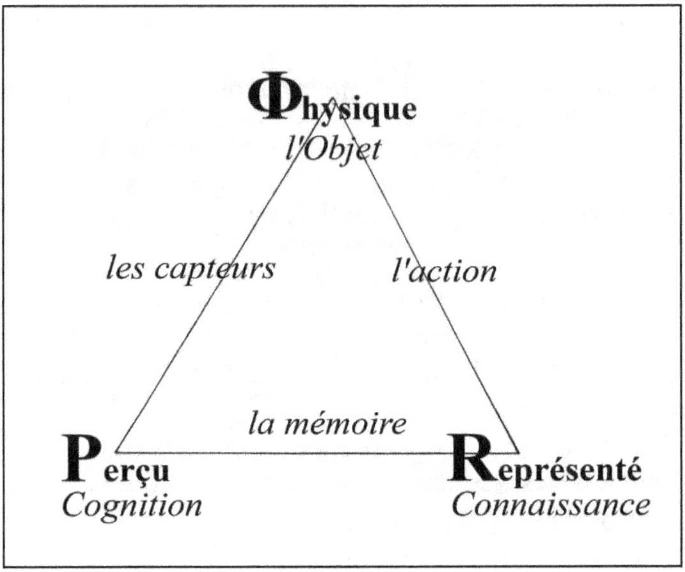

Nos capteurs collectent les informations de l'environnement, en particulier celles d'un objet qui nous intéresse.
Les capteurs que nous possédons sont de qualité très variable. Dans l'oreille une seule membrane vibre. Les premières lignes téléphoniques portaient l'information avec 24 bauds, aujourd'hui des lignes à très hauts débits transportent en fait des milliers de conversation à bas débit.
L'image demande au contraire une très grande quantité d'informations. Le fond de l'œil contient une très grande quantité de capteurs (les cônes et les bâtonnets) qui saisissent l'image sur la matrice qu'ils constituent.

La perception utilise les capteurs des cinq sens (vue, ouïe, odorat, toucher, goût) mais aussi les capteurs proprioceptifs musculaires et articulaires, l'oreille interne, les capteurs de pression, de tension, d'oxygène, ainsi que des informations internes comme l'intention d'action, la décision, la mémoire.

La représentation utilise la mémoire et cadre l'action.

Remarques sur la IVème partie. Jean Baudrillard et le réel

Jean Baudrillard (1929, 2007) nous fait remarquer que le réel que nous avons sous les yeux n'intéresse personne. Il nous dit : « Comment se porte donc notre désir sur l'objet ? », ou bien « Notre rapport au réel est délirant. » Selon lui, l'objet réel est absent.
Chacun de nous évoque le réel à sa façon.
Jean Baudrillard en conclut que le monde n'est pas adapté à nos désirs, mais, disant cela, il oublie que le monde est sans finalité, que le vivant y est né sans finalité et que le monde se moque bien du désir du vivant, d'autant plus que le vivant n'a pas de désirs mais des besoins nécessaires à sa survie et à sa croissance.

Nous avons vu plus haut que, pour se développer, le vivant, toujours hors équilibre, ne peut croître qu'en exportant son entropie dans l'environnement. Par sa nature le vivant est donc d'abord un prédateur.
Notre désir se portera toujours sur l'objet manquant comme la passion amoureuse, mais ce désir, ce besoin, ce « Je t'aime », « Te quiero », « Je te veux », « I want you, I need you », « J'ai besoin de toi » n'est à mon sens que l'expression de notre nature d'être vivant, c'est-à-dire de notre nature de prédateur.
Ainsi seraient Eros, l'élan vital, Philia, l'amour qui donne et qui reçoit, Agapé, l'amour qui donne sans retour mais qui a besoin de ressources pour donner. Dans tous les cas existent des transferts d'énergie, l'être vivant se ressourçant et se développant par l'autre et sur l'environnement.

Remarquons aussi que notre cerveau ne peut comprendre le monde perçu qu'en mobilisant plusieurs sens. Ainsi une perte du sens de l'équilibre peut me donner l'impression que le sol de ma chambre est passé au plafond exigeant une réorganisation de mon cerveau.
Notre perception est et ne peut être que multisensorielle.

Le cerveau gauche calcule et compare, le cerveau droit perçoit, les registres de la conscience tiennent compte de mes perceptions internes et externes, de mon Moi et de l'Objet, de mon Moi et de l'Autre, c'est-à-dire de mon environnement matériel ou social.

Danseur 2 de Hip Hop dans la rue. 24.04.2013. Croquis sur le vif. Feutre à tête plate sur papier blanc ordinaire A4 80gr. Xavier Bolot. Ce dessin n'est ni une photo ni une succession d'immobilités.

Vème PARTIE
Réalités
et sociétés en évolution

Introduction
Les croyances des peuples

Les peuples naissent et meurent avec leurs croyances.
Comment raconter le réel dont nous faisons partie ? S'interroge Bergson.
L'habitude permet de vivre sans y penser, mais tout bouge.
Nous voyons, dès maintenant, que si trois réalités sont nécessaires pour approcher l'Autre, ces trois réalités vont évoluer avec le temps, changer de poids, ce qui changera le système des valeurs d'une société à son insu au cours de son histoire.

Nous ne nous habituons pas à la présence du réel, il n'est pas en effet source de repos, nous préférons notre représentation déconnectée de la réalité que nous voulons pérenne.

Nous avons inventé le concept de vérité parce qu'il nous apportait le confort de la stabilité, de la voie tracée, de la paresse, de l'égoïsme et des pires injustices.
En effet, à un moment donné, en un lieu donné, la raison du plus fort est toujours la meilleure. La vérité imposée est celle de l'individu dominant. Peu importe que cette raison corresponde ou non à une logique admise par la société ou à une réalité de la connaissance.
La meilleure des raisons sera celle qui donnera au vivant l'avantage et la possibilité d'exercer sa nature de prédateur.
Toutes les raisons seront bonnes pour s'adapter au contexte, expliquer le monde à sa façon et survivre.

On observe en neurologie, et Patrick Verstichel insiste sur ce point, de même que Lionel Naccache à propos de l'expérience de Gazzaniga, que nous avons un cerveau gauche particulièrement obstiné.
Le cerveau gauche de la narration invente une histoire et n'en démord pas.
Ainsi, la vérité, résultat des réalités rejetées, va-t-elle évoluer dans les esprits et muter au cours des renversements sociaux.
Néanmoins, pour démasquer les valeurs prépondérantes de chaque époque, allons-nous tenter d'y discerner les trois réalités qui nous permettront peut-être d'articuler de façon plus claire les causes des évolutions et des mutations observées.

Il n'est pas question ici d'établir un tableau exhaustif mais de repérer quelques jalons susceptibles d'indiquer une voie de réflexion sur nos évolutions sociales.

Nous examinerons les trois réalités pratiquées dans l'évolution des sociétés occidentales en décrivant par quelques points forts

- La prémodernité
- La modernité
- La réaction postmoderne.

Les bouleversements des concepts et des priorités apparaîtront naturellement.

Chapitre 1 La prémodernité

Homère explique qu'il faut vivre en harmonie avec le monde, c'est-à-dire avec le Cosmos et les dieux, et que notre hybris, c'est-à-dire la démesure de nos passions et de notre orgueil, est source de malheurs.
Le polythéisme grec repose sur les lois fondamentales de l'être : l'homme est fini, éphémère, conscient de sa mort, et peut se comprendre dans son être.

Depuis, la philosophie antique a été constituée de multiples courants bouillonnants. Les philosophes se succèdent, chacun prenant à contre-pied son prédécesseur, ce qui est toujours le cas aujourd'hui.
On a coutume d'opposer, à juste titre, Démocrite et Platon, mais en oubliant de dire leur point commun.
Quelles réalités va proposer alors le jeune Aristote qui va inspirer notre Moyen Age ?

1.1 Démocrite d'Abdère *(-460, -370)*

Fils de notable, il est l'aîné de trente ans de Platon.
Démocrite a dépensé sa fortune à faire de nombreux voyages,
il apprend la géométrie en Egypte et l'astronomie en Perse.
Il rit des travers des hommes qui s'emploient à chercher des biens imaginaires ou bien à former des projets qui leur demanderaient plusieurs vies. Il a une vie simple car il estime que celui qui sait jouir de peu est toujours assez riche. Il accepte tout le monde dans ses fréquentations sans considération sociale.
Il répudie expressément les conceptions mythologiques et veut expliquer les phénomènes naturels par la seule expérimentation et observation de la nature.
On lui doit la première formulation systématique de la théorie atomique qu'il tient du raisonnement suivant. Si tout corps est divisible à l'infini, de deux choses l'une ou il ne restera rien ou il restera quelque chose. Dans le premier cas, la matière n'aurait qu'une existence virtuelle, dans le second cas on se pose la question : que reste-t-il ? La réponse la plus logique, c'est l'existence d'éléments

réels, indivisibles et insécables appelés atomes, ce qui signifie « ne peut être divisé. »
Démocrite en déduit les conséquences suivantes.
Il n'y a dans la nature que des atomes et du vide qui sont à l'origine de tous les composés que ce soient le Soleil ou bien l'âme qui est constituée d'air. Les atomes se meuvent éternellement dans le vide infini. Ils entrent en collision et rebondissent au hasard ou s'associent selon leurs formes, mais ne se confondent jamais. C'est sous l'action des atomes et du vide que les choses s'accroissent ou se désagrègent. Les choses visibles, et tout ce qui est perceptible par les sens, est constitué de corpuscules. L'être n'est donc pas un, mais composé de corpuscules. Remarquons que cette intuition de Démocrite, qu'il avait puisée chez Anaxagore (-500, -428), a été confirmée par le chimiste Lavoisier (1743, 1794) qui concluait « Rien ne se perd, rien ne se crée, tout se transforme. »
Pour Démocrite, l'âme meurt avec le corps.

Les qualités sensibles sont des conventions déterminées par nos opinions et nos affections. Nous n'avons pas connaissance de toutes nos sensations : un grand nombre d'entre elles reste inaperçu. Les impressions sensibles varient selon les animaux, d'un individu à un autre, et même pour un seul individu.
Il est impossible de savoir quelles impressions sont vraies, toutes sont également vraies. Tout ce qui apparaît à un individu et qui lui semble exister est vrai, autrement dit ma perception est ma réalité.
« En réalité, nous ne savons rien, car la vérité est au fond du puits. »
Démocrite distingue deux formes de connaissance : la connaissance par les sens, selon lui bâtarde et obscure, et la connaissance par l'intellect, qu'il appelle légitime et véritable.
C'est la raison qui est le critère de la connaissance légitime.

Démocrite a de nombreux ennemis. Platon, pris à contre-pied, voulait brûler ses écrits, de même que les religieux dont le fonds de commerce prospère sur la notion d'immortalité de l'âme et sur l'exploitation de la terreur de l'au-delà. Les chrétiens vont donc discréditer cette philosophie matérialiste, brûler sans relâche ses écrits et ses philosophes, de même que les musulmans ont brûlé, lors de leurs conquêtes, les bibliothèques des Perses en 630 et d'Alexandrie en 642, ou bien que les Talibans afghans ont canonné en 2001 les bouddhas de Bâmiyân.

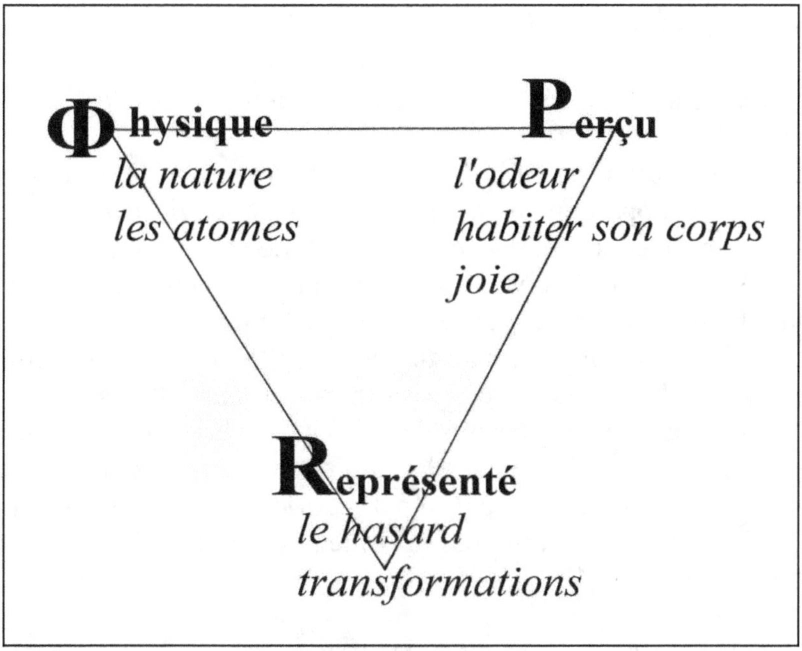

L'univers matérialiste est composé des trois réalités suivantes.

Physique Une nature constituée d'atomes et de vide, cette réalité est physique en ce sens qu'elle est matérielle.
Perçue Je ressens mon corps. Je respire les odeurs. La joie est la finalité de la morale. Le bien réside dans l'utile. L'homme n'a plus à craindre les dieux qui sont matière. Se contenter du monde tel qu'il est, la seule alternative à la mélancolie étant l'hédonisme, c'est-à-dire le fait de savoir soigner et habiter son corps.
Représentée Le monde est gouverné par des forces créatrices aveugles, c'est-à-dire le hasard, à la source de toutes les transformations, ce que confirmeront Darwin et les généticiens modernes.

Le point de vue est celui du philosophe ancré dans le respect de la nature.

Au total Démocrite propose un système attaché à la réalité physique et sensible en même temps qu'une connaissance construite par l'intellect. Les trois approches semblent équilibrées.

1.2 Platon *(-427, -347)*

Platon s'oppose à Démocrite essentiellement pour des raisons sociales.
Démocrite ne prend pas l'homme et son organisation sociale au sérieux. Platon appartient à la plus haute aristocratie d'Athènes et entend conserver et consolider les avantages de sa position sociale au point d'envisager que le philosophe doit naturellement diriger la cité pour son bien. Il propose de ce fait une République organisée en classes sociales et conduite par un philosophe roi. Platon reçoit à l'Académie des élèves nobles qui peuvent payer leurs études.
Platon a donc absolument besoin de détenir la Vérité que Démocrite tient pour une illusion. Le jeune Platon a pour maître Socrate pendant neuf ans. Il approfondit chez les pythagoriciens l'opposition entre l'âme et le corps, les nombres et, l'idéal du philosophe roi avec Archytas de Tarente (-428, -347).

Platon a bien noté les constatations d'Héraclite (-576, -480) selon lesquelles l'être est éternellement en devenir, les choses n'ont pas de consistance, tout se meut sans cesse et nulle chose ne demeure.
Tout devient tout, tout est tout. Le courant de la génération et de la mort ne s'arrête jamais. Ce qui est visible devient invisible, ce qui est invisible devient visible, le jour et la nuit sont une seule et même chose, il n'y a pas de différence entre ce qui est utile et ce qui est nuisible.
Rien n'est donc plutôt ceci que cela, mais tout le devient. Les choses ne sont jamais achevées, mais sont continuellement créées par les forces qui s'écoulent dans les phénomènes. Les choses sont des assemblages de forces contraires, et le monde est un mélange qui doit sans cesse être remué pour qu'elles y apparaissent.
Notons qu'en Inde le Buddha à la même époque (-563, -480) disait les mêmes choses qu'Héraclite.

.

Ces constatations sont très inconfortables pour Platon qui ne voit pas la possibilité d'établir sur l'impermanence une vérité puisque ce qui est vrai maintenant ne le sera plus un instant après, ni en un autre lieu, que ce soit pour interpréter la nature ou les lois. Pour Platon il faut passer de la connaissance, comme simple point de vue, à la Vérité.

Platon construit alors un système de concepts et d'interprétation du monde hors-sol au dessus de la nature mouvante.
La Forme est l'hypothèse de réalités intelligibles immatérielles et immuables, universelles, indépendantes de la pensée.

Quand on observe le système de Platon on ne peut qu'être frappé du fait que nos représentations sont en effet des fantasmes et, plus étrange, que ce système qui a fait si longtemps partie de nos croyances ait semblé si longtemps indestructible, comme toutes les croyances.

L'idéalisme platonicien qui a perduré jusque dans l'idéalisme allemand, nous a fait entrer dans le système des narrations acceptées sur la connaissance du monde, identifiées par Lyotard, et dans les jeux de langage, évoqués par Wittgenstein, dans lesquels un concept abstrait renvoie indéfiniment à un autre concept abstrait ou à une image mécanique réductrice.

Dans une telle impasse Socrate dit que « ce qui rend une chose belle…est la présence ou la communication de cette beauté en soi. » (Phédon). Nous sommes dans un monde abstrait et transcendantal.

Démocrite et Platon ont cependant plusieurs points en commun.
Il existe une âme, mortelle pour Démocrite, éternelle pour Platon.
La seule véritable connaissance n'est pas celles des sens mais celle de l'intellect.
Nous n'avons pas connaissance de toutes nos sensations.
Enfin les deux philosophes sont interpellés par l'impermanence de la nature et vont tous deux éprouver le besoin de déployer un système d'explication du monde pour retrouver leur sérénité, contrairement au Bouddha, à la même époque, qui ne cherche pas un système d'explication du monde mais le comportement juste.
Bouddha, en effet, accepte l'impermanence et la vacuité telle qu'elles sont et se contente de se distancier du monde pour trouver le chemin qui épargne la souffrance.
Démocrite invente l'atomisme matérialiste pour en déduire qu'il n'y a pas lieu de craindre, ni les dieux, ni la douleur, ni la mort.
Platon crée un système hors-sol de concepts qui vont aider le philosophe roi à conduire la cité vers le Beau et le Bien qui restent cependant à définir et qui resteront la source de guerres saintes tant que les fantasmes platoniciens seront portés par les hommes.

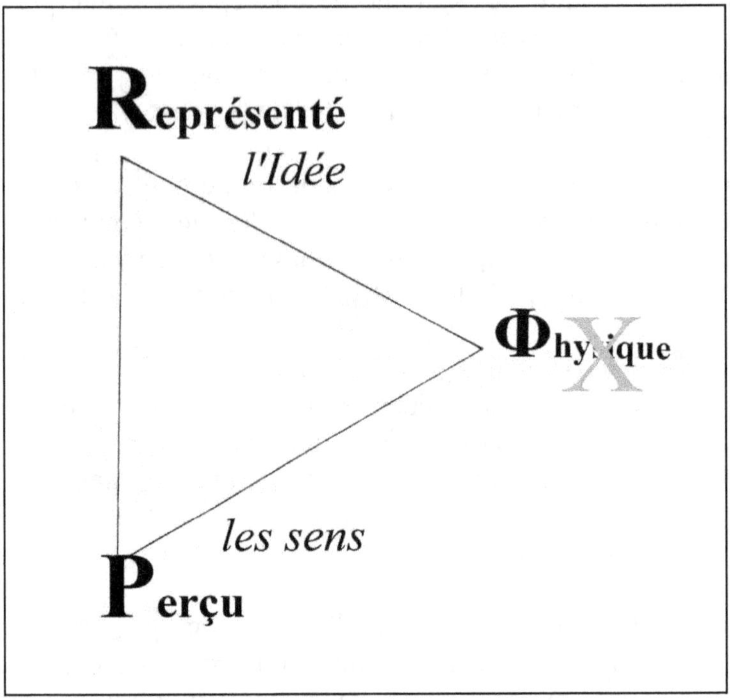

L'univers idéaliste platonicien nous propose trois réalités.

Physique C'est une réalité absente chez Platon, elle est surplombée par la Forme.
Perçue J'ai des sens mais je dois m'en méfier car ils ne m'offrent pas de données fiables et stables.
Représentée Le monde est éclairé par des Idées immuables et universelles. Platon postule de plus un démiurge dont les relations avec la Forme ne sont pas précisées et qui produit l'âme du monde. Platon nous offre un mythe poétique. La notion d'âme reste floue.

Le point de vue est celui du philosophe roi aristocrate. Le propre de l'aristocratie est d'avoir toujours existé, d'avoir raison, de ne pas avoir à justifier quoique ce soit sauf à démontrer qu'elle est au centre du système. Elle se réfère à des principes nobles et idéalisés qui lui offrent la justification de son pouvoir et de sa supériorité.

Au total l'approche de Platon semble déséquilibrée et relever de l'éducation d'autorité en ce sens qu'elle introduit des concepts injustifiés d'aristocrate.

1.3 Aristote *(-370, -322)*

Qu'allait faire le jeune Aristote pour frayer son chemin face aux écoles matérialistes et idéalistes ?

Le père d'Aristote était médecin du roi Amyntas II de Macédoine. Aristote sera plus tard comme son père un temps à la cour de Macédoine, mais comme précepteur du jeune Alexandre le Grand.
En -366 Aristote entre à l'Académie pour 20 années d'études auprès de son maître Platon. Par deux fois il a été sur les rangs pour lui succéder à la tête de l'Académie. Débouté il crée sa propre école qui s'appelle le Lycée.
Bien que métèque, c'est-à-dire étranger, Aristote restera très attaché à Athènes et à l'enseignement de son maître qu'il soutient brillamment.
Aristote contestera la théorie des Idées mais globalement consolide le travail de Platon en s'intéressant à de nombreuses questions scientifiques et sociales et en développant la rhétorique c'est-à-dire l'art de l'argumentation.
La pensée scientifique d'Aristote n'est pas celle de Démocrite, les présupposés des deux philosophes sont antinomiques, Démocrite voit un monde géré par le hasard aveugle et Aristote par un esprit divin.

Plotin (205, 270), Saint Augustin (354, 430), Averroès (1126, 1198) transmettent au Moyen Age les enseignements de Platon et d'Aristote.
Plotin, né à Lycopolis en Egypte, développe le fantasme de l'Un créateur de l'intellect et de l'âme, dont les lieux, les contours et les contenus restent flous. Le corps est réduit à un « tombeau » prison de l'âme.
Saint Augustin d'Hippone, en Algérie, conçoit un Dieu fort et le poids du péché. Il insiste sur la volonté de Dieu. La sagesse est un don de Dieu.
Averroès, médecin musulman andalou, utilise l'image de l'artisan divin et de l'intelligence éternelle et universelle à laquelle tous les hommes participent. Averroès admet plusieurs modes de connaissance : la connaissance par l'intellect et la connaissance supérieure plus intuitive des prophètes. Il plaide cependant l'usage de la raison pour mieux comprendre la parole du prophète. Destitué de ses fonctions de juge mais pardonné par le sultan du Maroc, ce savant doit, comme ce sera le cas pour Galilée, garder un langage prudent.

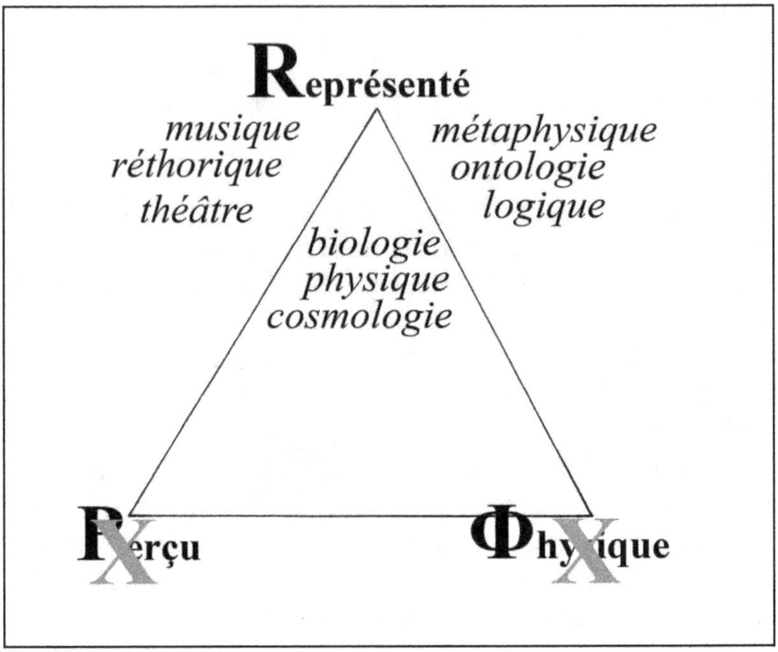

Les trois mondes d'Aristote semblent à première vue plus équilibrés que ceux de son maître Platon. Mais nous pouvons cependant constater le poids prépondérant du logos, de l'argument, au détriment du ressenti et de la réalité physique. Le monde physique n'existe pas en ce sens qu'Aristote ne respire pas et ne semble avoir aucun besoin d'échange matériel avec la nature. Quant au ressenti sa perception se réduit à des discours sur la perception. Récapitulons ses trois mondes.

Représenté La physique, la biologie, la cosmologie d'Aristote ne sont que des discours de représentation, au même titre que la métaphysique ou la logique. L'expérimentation n'est pas née.
Perçu La perception du monde est celle d'un discours sur la perception sensible, la musique, le théâtre.
Physique A l'époque on n'a pas d'instruments d'optique permettant d'observer le monde micrométrique ou l'espace, on ne peut décrire finement le monde physique ni à fortiori l'atteindre.

Le point de vue est celui d'un savant platonicien cherchant à faire le point sur le savoir humain, mais l'homme est surplombé par le divin, la science astronomique grecque d'Aristarque (-310, -230) ne pourra donc réapparaître qu'avec le polonais Copernic (1473, 1543).

1.4 Critique de la prémodernité

En 529 le Lycée est fermé par l'empereur romain chrétien Justinien qui souhaitait mettre fin à la philosophie païenne.
Mais la pensée d'Aristote a durablement influencé l'empire romain, St Augustin, Averroès, la Sorbonne où l'on prétendait expliquer les mystères de la religion par le logos, jusqu'aux idéalistes allemands.

La pensée chrétienne fleurit sur les idées de l'émancipation des peuples au moment de l'affaiblissement de Rome et submerge la pensée matérialiste, de son avènement jusqu'aux temps modernes de la Renaissance.
Cependant l'absence de progrès techniques remarquables, de Rome à la Renaissance, n'a pas donné l'occasion de découvertes fracassantes propres à relancer un débat de société, tandis que l'esclavage était remplacé par le servage.

Toutes les écrits matérialistes, baptisées à tort présocratiques dans le but de les dévaloriser, ont été soigneusement brûlés, ainsi que leurs hérétiques jusqu'en 1781 à Séville.
Depuis Démocrite, le corps a été soigneusement oublié, la nature imprévisible a été écartée, le système totalitaire de pensée du pouvoir chrétien « s'est construit sur un grand trou noir », selon l'expression du Becket de Jean Anouilh.

Ce qui est remarquable, à la lumière des études neuropsychologiques actuelles, est le fait que les personnes saines, tout comme les patients souffrant d'une pathologie, croient fermement à leur fiction, et ce de façon d'autant plus inébranlable qu'ils n'ont aucun élément matériel pour les ramener à la réalité, sauf leur goût du pouvoir dans le cadre de l'histoire des peuples.

Nous pouvons observer que le sujet n'est pas conscient du ridicule de sa fiction : « Je suis persuadé que c'est lui » dit une voisine soupçonnant son voisin.

Celui qui invente une fiction la verbalise consciemment, mais sans en comprendre pour autant le contenu et toutes ses conséquences pour l'entourage ni par conséquent pour lui-même.
Nos connections neuronales aléatoires produisent des images qui alimentent nos fictions multiples et toujours nouvelles.
La croyance, la fiction, l'utopie, sont aussi notre liberté mentale et notre personnalité.
Les fictions sont une réalité psychique perçue qui permet de donner sens aux choses, et de me protéger de la brutalité aveugle de la nature, encore faut-il pouvoir communiquer ce sens aux autres pour vivre en société.

Au lieu de douter, de nuancer nos opinions nous continuons à nous reposer sur une croyance d'autant plus forte que nous avons créé les conditions pour ne pas les remettre en question.
C'est ainsi que certains sujets sont tabous dans une société et que les préjugés se consolident.

Nous ne voyons pas ce que nous avons sous les yeux. Cette caractéristique n'est pas uniquement un simple système de défense psychique mais le fruit des processus de notre système biologique qui prédit l'avenir avec le minimum d'éléments.
Nous ne comprenons pas ce que nous avons sous les yeux parce que nous imaginons les objets autrement.

Nous croyons avoir conscience de la totalité de ce qui nous entoure y compris lorsque nous sommes bernés par les tours de passe-passe d'un prestidigitateur qui a su focaliser notre attention sur un point de la scène au moment ou il faisait passer une carte dans sa manche.
Notre intime conviction est que nous voyons tout.
Dans la croyance du Livre, Dieu est fait à l'image de l'homme et voit tout. Celui qui n'a pas vu au football ou au tennis passer le ballon ou la balle est la risée des autres joueurs.

Comment admettre que l'on a passé une partie de sa vie dans un univers fictif ? C'est chose très difficile qui demande une révolution de sa conception du monde et de l'idée de Soi.
Antonio Damasio explique pourquoi biologiquement une telle transformation est problématique du fait que notre registre interne représentant le Soi appartient aux couches primitives de notre cerveau.
Selon Penfield (1891, 1976), dès le jeune âge, nous avons acquis une certaine conception des possibilités du monde, nous avons imaginé notre stratégie et notre positionnement pour survivre et conquérir. L'émotion a gravé en nous nos expériences. Nous en avons déduit des dogmes inébranlables.
Je serai donc prêt à construire un monde tel qu'il doit être perçu et interprété à la lumière de mes dogmes.

Telle est la folie du pouvoir, mais le pouvoir, par le poids de l'administration fondé sur l'espoir et la terreur qu'il installe sur le peuple, étouffe la vie et se voit à son tour lui-même asphyxié.

Renan (1823, 1892) constate : « On attendait le Christ et c'est l'Eglise qui est venue. » Ainsi la densité de l'attente messianique a eu pour réponse la pesanteur des institutions de pouvoir.

Le pouvoir divise, isole, interdit de penser et la répression règne.
Les rivalités romaines, byzantines, allemandes, anglaises affaiblissent le système catholique romain.
Les développements technologiques apportent l'astronomie et le Nouveau Monde, remettant ainsi en question les croyances imposées.

Cependant nous redécouvrons aujourd'hui dans les décombres des bibliothèques de l'Antiquité une constellation de grands sages.
Anaximandre de Milet (- 610, - 546) tente de décrire et d'expliquer l'origine et l'organisation de tous les aspects du monde d'un point de vue scientifique.
Thalès de Milet (-625, -547) est philosophe, scientifique, auteur d'un théorème et prédit une éclipse.
Pythagore de Samos (-580, -495) est philosophe, auteur d'un théorème célèbre.
Héraclite (-576, -480) contemporain de Bouddha (-563, -480), Lao Tseu (-570, -490) et Confucius (-555, -479), affirme pour sa part l'impermanence des choses.

Parménide (-510, -450) philosophe, affirme que la Terre est au centre du monde, et que l'être est une réalité physique, finie et sphérique.
Anaxagore (-500, -428) enseignait que la Lune (formée de terre) reflétait la lumière du Soleil, qui est une pierre chaude. Condamné à mort comme athée, il se retira en Asie Mineure où il mourut.
Empédocle (-490, -430) est philosophe, ingénieur et médecin pour lequel le sang détermine la pensée. Nous sommes des animaux.
Zénon d'Élée (-480, -420), philosophe pense que le temps n'est pas divisible, il soutient le paradoxe de la tortue.
Antiphon d'Athènes (-480, -410) invente la psychologie et la relation d'aide décrite récemment par Rogers (1902, 1987).
Démocrite d'Abdère (-460, -370) invente la théorie atomique.
Platon (-427, -347) développe la notion d'Idée et de Forme et brigue le poste de philosophe roi de la cité.
Aristarque de Samos (-310, -230) a décrit le système de Copernic (1473, 1543) et calculé les distances Terre Lune et Terre Soleil.
Euclide (-325, -270) distingue dans son traité d'optique le monde représenté du monde perçu.
Archimède (-287, -212) invente la physique et traite du nombre Pi dans son ouvrage *De la mesure du cercle.*
Eratosthène(-276, -194) calcule la circonférence de la Terre.
Apollodore de Damas (60, 130) construit la colonne de Trajan avec sa frise en trompe l'œil trigonométrique.

L'importance donnée par la suite à Platon apparait injustifiée à partir de l'étude plus avancée des apports des philosophes de l'antiquité. Platon a été survalorisé par les chrétiens qui ont tenté de classer a contrario parmi les présocratiques tous les savants matérialistes qu'il convenait de faire passer pour des barbares à la pensée confuse.

Chapitre 2 La modernité

2.1 Evolution

La modernité s'étend de la Renaissance aux années 1960.
A la Renaissance, la confiance des fidèles en l'Eglise Romaine est ébranlée par la découverte de l'Amérique (1492), l'invention de l'imprimerie (1454), le commerce « en gros » des indulgences du pape Léon X (1513) pour construire la nouvelle basilique de Rome, la Réforme religieuse (XVème en Angleterre et XVIème en Allemagne), le procès de Galilée (1633).
A la Renaissance, la Terre n'est plus au centre du Cosmos et Rome n'est plus au centre de la Terre.

La raison toute puissante émerge au siècle des Lumières. Les sciences poursuivent leur marche glorieuse relatée dans l'Encyclopédie.
Kant (1724, 1804) replace l'homme dans sa finitude au centre du cosmos. Avec Auguste Comte (1798, 1857) la raison de l'homme devient souveraine et maîtrise le monde.
Les tabous traditionnels tombent un à un : Vésale fait une autopsie en 1543, on maîtrise les naissances à la fin du XXème.
Mais l'humanisme s'est vu réduit à l'homme éloigné de son environnement, puis l'homme à l'homme économique.
A partir du XIXème l'homme a été arraché à son milieu naturel et exploité comme un outil par des sociétés dites anonymes aux structures internationales opaques au regard des gouvernements élus par les démocraties. L'homme est attaché aux machines, devient un simple facteur de production et une variable d'ajustement économique.
Le développement autonome du droit, de l'argent et de l'intellectualité, caractérisent l'époque moderne, selon Georg Simmel.
En Occident, l'économie et la logique comptable du salut chrétien s'est transformée en économie pure, selon Emile Durkheim.
La valeur comptable d'une société ne tient compte à aucun moment de la valeur des équipes opérationnelles ou dirigeantes qui l'animent.
Le rapport résultat sur capital décide du sort de milliards de familles.
Le XXème ne pouvait donc être qu'un siècle de crises sociales.

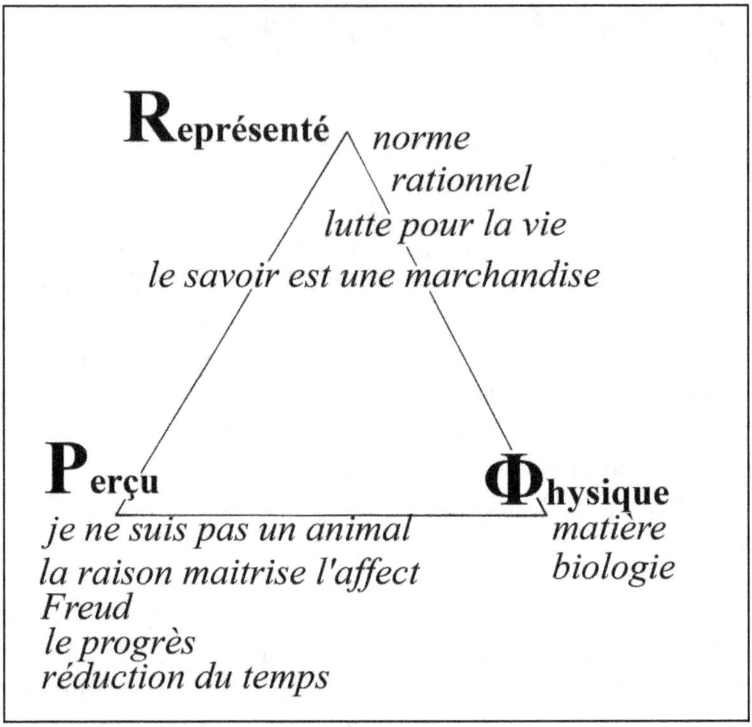

L'homme dans le monde moderne. L'homme est séparé de son milieu naturel, éclaté et spécialisé sous les projecteurs de la raison analytique. Ces changements sont appelés progrès du fait de l'allongement de la durée de vie humaine.

Représentation L'homme moderne, pour être efficace, se doit d'être rationnel, de manier la parole, d'être dans la norme puritaine et son savoir, s'il est utile, doit pouvoir se vendre.
Perception L'homme ne se perçoit pas comme un animal, ses sensations doivent être maîtrisées, son corps et la nature entière sont ses serviteurs. L'individu doit survivre seul et ne doit pas être à la charge de la société. Progrès. Rendement. Réduction du temps.
Freud répondait aux traumatismes de son époque.
Physique La biologie permet d'intervenir physiquement dans le monde des bactéries, la physique élabore de nouveaux matériaux, l'homme accède au cosmos en allant sur la Lune, la nature est pillée.

Le point de vue est celui d'un homme sans corps à la conquête du monde physique, de l'infiniment petit à l'infiniment grand.

2.2 Les excès de la modernité

L'idée du salut est dans l'utopie communiste, le millénarisme national-socialiste, la société sans risque du libéralisme protégé par la main invisible d'Adam Smith.

Les religions de toutes sortes sont des machines à empêcher de penser. On se massacre au nom de principes abstraits, au nom d'un lendemain meilleur.

Nous avons vécu les conséquences totalitaires du fantasme de l'Un, de Dieu, de la Vérité, de la Finalité, du Sens de l'Histoire.
Ainsi la référence à l'Humanité ou au plus grand nombre masque la référence à l'homme concret.

La morale impérative gère l'existence d'individus en échanges réciproques, mais l'économie du salut judéo-chrétien est devenue progressivement comptable.

La sécurisation de l'existence par une assurance tous risques conduit à une comptabilité de tous le instants, à la domination de l'argent-roi, au productivisme, à la société de consommation.

Une morale donne les principes à suivre pour la sauvegarde de la classe dominante au pouvoir, c'est la morale dichotomique du pouvoir.

L'économie du salut conduit à l'économie pure.

La loi du plus fort règne, elle est celle du capital et de la finance.

L'homme est réduit à l'homme économique.

Au total le rationnel élimine l'affect et transforme l'homme en robot souffrant.

Avec Montesquieu (1689, 1755) le pouvoir politique s'est structuré en trois instances : législative, exécutive et judiciaire. Cette utopie avait pour but de limiter les abus de l'absolutisme royal.
Mais il s'en est suivi la main mise sur le peuple par une administration coûteuse, étouffante, irresponsable, kafkaïenne, toute puissante et déshumanisée.

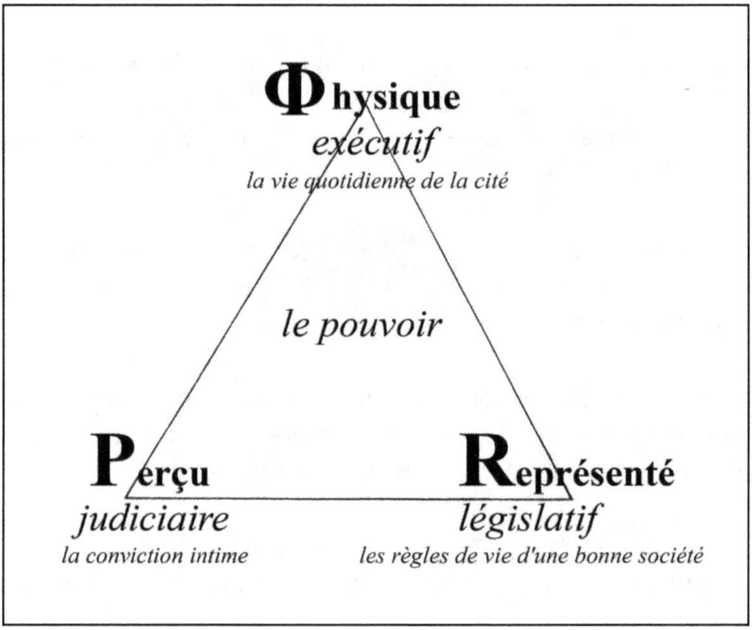

Chapitre 3
La réaction postmoderne

L'évolution sociale a renversé notre approche des réalités.
Que sont devenues ces réalités aujourd'hui ?

Nous ne comprenons pas le caillassage des pompiers, l'absentéisme aux élections, les excès des raves, les apéros géants, auxquels sont convoqués des anonymes qui nous sont sympathiques mais nous déroutent car ils témoignent soudain de l'isolement de l'homme poussant un cri d'alarme. Le pouvoir cherche, comme toujours en tant que pouvoir, à contrôler ce débordement d'affects qui n'entre pas dans son discours habituel raisonnable et d'une logique souvent ubuesque.

La jeunesse de l'Ouest des années soixante dénonce les expériences modernes décevantes de leurs parents et formulent, sinon les reproches, du moins le remarques suivantes.
1- Le rationalisme et le libre examen sont devenus des dogmes inquisitoriaux.
2- On n'a valorisé qu'un aspect de l'être.
3- L'homme ordinaire n'est plus capable d'habiter son corps, il ne sait plus chanter, faire du sport, danser, dessiner.
4- Le pouvoir est déconnecté des réalités du peuple. Les institutions sont vermoulues que ce soient les académies, les écoles vieillottes, les groupements réfléchis replié sur eux-mêmes c'est-à-dire les syndicats, les partis politiques, les confréries religieuses, qui sont autant d'organisations immobiles.
5- Les politiciens promettent, la situation se détériore, il en résulte un sentiment d'abandon et un désintérêt complet pour la vie de la Cité.
6- L'homme de la rue paie les excès de criminels financiers invisibles et insaisissables.

Les messages et leurs émotions circulent désormais instantanément.
Dans un monde désenchanté et absurde, la primauté est donnée à l'affect, au sensible, à la tribu, au bonheur vécu ici et maintenant dans l'instant, au besoin de vivre ensemble avec les lois du groupe du moment. Les apéros géants, les raves, des danses rituelles, les performances, les messages du net, font alors sens.

3.1 La postmodernité des sociologues

Notre société postmoderne, née dans les années soixante, a un fonctionnement qui n'est plus celui de la société moderne.
Nous vivons une époque de renversement comparable à celle de la Renaissance au cours de laquelle apparaissent les outils d'une nouvelle donne : la mondialisation, les ressource limitées de la planète, la pollution, la surpopulation, les technologies numériques, les nanotechnologies, les physiques relativiste et quantique, les neurosciences, la génétique, les cellules souches, l'épigénétique, les armes de destruction massives, les mass media, les progrès de la paléontologie et de l'anthropologie, le TGV, l'Airbus, les fusées spatiales, les satellites et les drones.

Les guerres mondiales et la Shoah ont entrainé des migrations rapides et massives qui bouleversent les équilibres sociaux.
L'individu autonome, la raison triomphante, le pouvoir hiérarchique ne sont plus les valeurs premières.
De nombreux jeunes diplômés ne trouvent pas d'emploi. L'assimilation de populations, étrangères dans leurs langues et leur conception du monde et de la société, accentue le phénomène de mosaïque sociale, les administrations en place ayant du mal à être efficaces et à se faire entendre.

Devant ce démantèlement de la vieille société encore enseignée dans nos lycées, l'homme moderne a vécu stoïquement le déferlement des surprises que la nature lui réservait. Mais les références traditionnelles se sont lentement couvertes de poussière.

Le nouveau monde à accepter est en effet d'abord celui qu'imaginaient Héraclite et Démocrite. La nature est impermanente.
Il nous faut peut-être alors apprendre à vivre ce monde naturel implacable et imprévisible que nous offre la nature.
Une nouvelle société émerge, plus solidaire, plus respectueuse de l'environnement, plus apte à s'adapter à l'inconnu, dans laquelle les liens et les interactions sont plus importants que les éléments matériels qui constituent la réalité physico-biologique, une société porteuse de richesse et d'espoir.

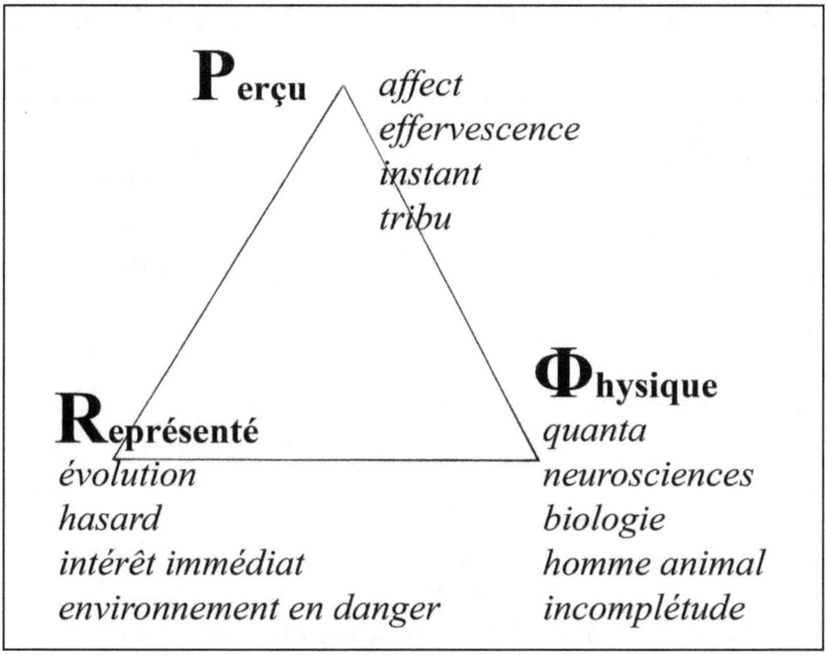

Comment se vit l'homme postmoderne.

Perception L'homme postmoderne perçoit ses affects, dans l'instant, sa tribu, ses émotions, ses émotions partagées dans un aller et retour pouvant aller jusqu'à l'effervescence d'une foule.
Représentation Il se représente le monde en évolution, soumis aux lois permanentes du hasard, ce qui implique d'agir en cas d'intérêt immédiat. Il sait que l'environnement est en danger et qu'il n'est pas possible de faire de plans à long terme ni même à moyen terme.
Physiquement La nature du monde matériel est quantique, aléatoire, la notion de temps y est relative, et les logiques que nous utilisons portent en elles des incomplétudes.
Les neurosciences et la paléontologie nous confirment que nous appartenons au règne du vivant et que nous sommes soumis à ses lois, en particulier à croître au détriment de notre environnement naturel et social. Notre cerveau lui-même vit sa croissance de façon autonome.

Le point de vue est celui du sociologue qui voit un homme de chair cherchant à se situer pour survivre.

3.2 La postmodernité en neurosciences

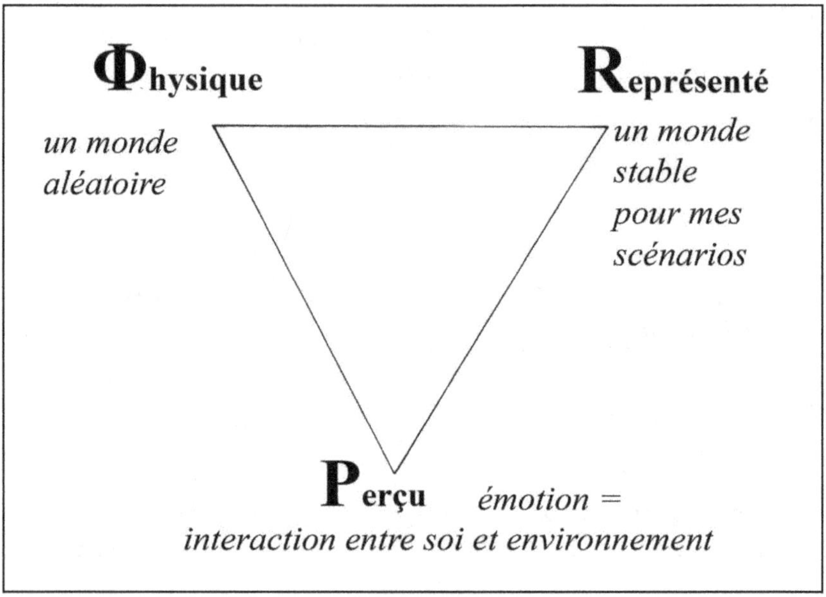

Comment fonctionne l'homme postmoderne.
Les neurosciences ont pour objet d'identifier et de comprendre le fonctionnement des substrats de la pensée. La pensée est l'ensemble des activités cérébrales qui s'expriment dans la décision, la planification, la perception, la représentation, qui peuvent se dérouler en mode conscient ou inconscient.

Physiquement le corps présente le fonctionnement d'un système dans un monde aléatoire physico-chimique.
La perception est d'abord une émotion. L'émotion est mon déséquilibre homéostatique en présence d'un Objet ou de l'Autre. L'Objet par sa seule présence me change chimiquement.
La représentation que nous avons du monde est cependant celle d'un monde stable pour pouvoir y développer nos scénarios d'anticipations qui nous permettent de prendre à temps des décisions.

Le point de vue est celui du neuroscientifique. L'esprit est une émergence du corps et le corps ne peut fonctionner sans esprit.

3.3 Les philosophes postmodernes

Il est coutumier de citer en école d'art Deleuze, Derrida et Foucault. Tous les trois montrent que la raison est relative, qu'elle n'est pas la voie royale permettant d'aboutir à la connaissance.
Deleuze montre qu'une différence ne se résorbe jamais dans la rationalité, dans le concept rigide.
Derrida met l'accent sur le fait qu'il y a contradiction entre les philosophies qui prétendent atteindre le vrai et que la culture humaine est un réseau disjoint d'écrits et de marquages dont l'auteur est absent.
Foucault montre que la connaissance est modifiée et déterminée par l'exercice du pouvoir.

Mais l'évolution des idées se fait également sous la pression des découvertes scientifiques de la part de savants dont la culture permet une convergence de points de vue transdisciplinaires.
Ainsi le physicien Néel a su utiliser dans une onde progressive les apports d'Einstein et de Bohr.
Le neurologue Damasio retrouve chez Spinoza la notion d'homéostasie et démontre que Descartes et les idéalistes allemands ont fait erreur en imaginant une raison indépendante de l'émotion.
Le biologiste Jacques Monod reprend chez Démocrite le rôle du hasard et chez Carnot le second principe de la thermodynamique comme moteur de la forme d'une protéine.

Enfin des liens entre l'astrophysique, la prébiotique, la chimie organique, la génétique, la biologie, la paléontologie sont maintenant établis dans une vision globale du développement du monde et du vivant, ces différents domaines des sciences continuant de progresser dans leurs domaines respectifs.
On assiste à un décloisonnement des connaissances entre les différentes branches de la recherche en même temps qu'au développement d'une spécialisation accrue. Les philosophes accompagnent chaotiquement mais de façons parfois originales l'explosion des connaissances scientifiques et les brassages de la mondialisation.
Les écoles d'art françaises restent frileuses et ne donnent pas l'impression de participer au bouillonnement vital postmoderne.
Tout au plus cultivent-elles leurs fantasmes.

Remarques sur la Vème partie
Comment vivre aujourd'hui ?

Homère nous indique que la vie bonne, loin de la démesure, consiste à vivre en harmonie avec le Cosmos.

Baruch Spinoza nous propose ses méditations pour un monde de bonheur et de liberté que l'on pourrait traduire come suit.
S'émerveiller que les choses soient.
Aimer ce que nous avons.
Aimer ce que les choses ont de singulier, d'irremplaçable.
Connaître la singularité sans tenter de l'extraire de son milieu.
Mieux connaître le monde, respecter les opinions diverses.
Plus on connaît le monde, plus on est joyeux.
Exister en actes.

Le sociologue Michel Maffesoli tente de réenchanter notre monde moderne en fin de vie en nous livrant des réflexions de sagesse, en particulier les suivantes lors de sa dernière leçon en Sorbonne.
Dire ce qui est, ce qui se voit, ce qui s'imagine, au lieu de fantasmer sur l'Un, une Vérité, une Finalité, un Sens de l'Histoire.
Utiliser des notions vivantes au lieu de concepts abstraits.
Savoir s'accorder à la tendre et cruelle réalité des choses.
Mettre en place un savoir multiple.
Constater l'aspect polyédrique des valeurs, saisir les vérités vécues.
Considérer, l'animal, la plante, le vivant, la nature.
Considérer la créativité de l'homme sans qualité et sans parole.
L'amour n'est pas un péché.
Les choses sont ce qu'elles sont.

Il nous faut aussi aujourd'hui, à mon sens, au vu de la réaction postmoderne, comprendre notre présent comme un présent dynamique, c'est-à-dire réapprendre à relier le présent au passé et au futur, en considérant que notre héritage est bien le résultat de la longue suite d'innovations qui ont permis à nos pères de composer avec le présent et d'imaginer le futur, autant que faire se pouvait.

Jeunes de banlieue s'entrainant au Hip Hop en salle de danse.

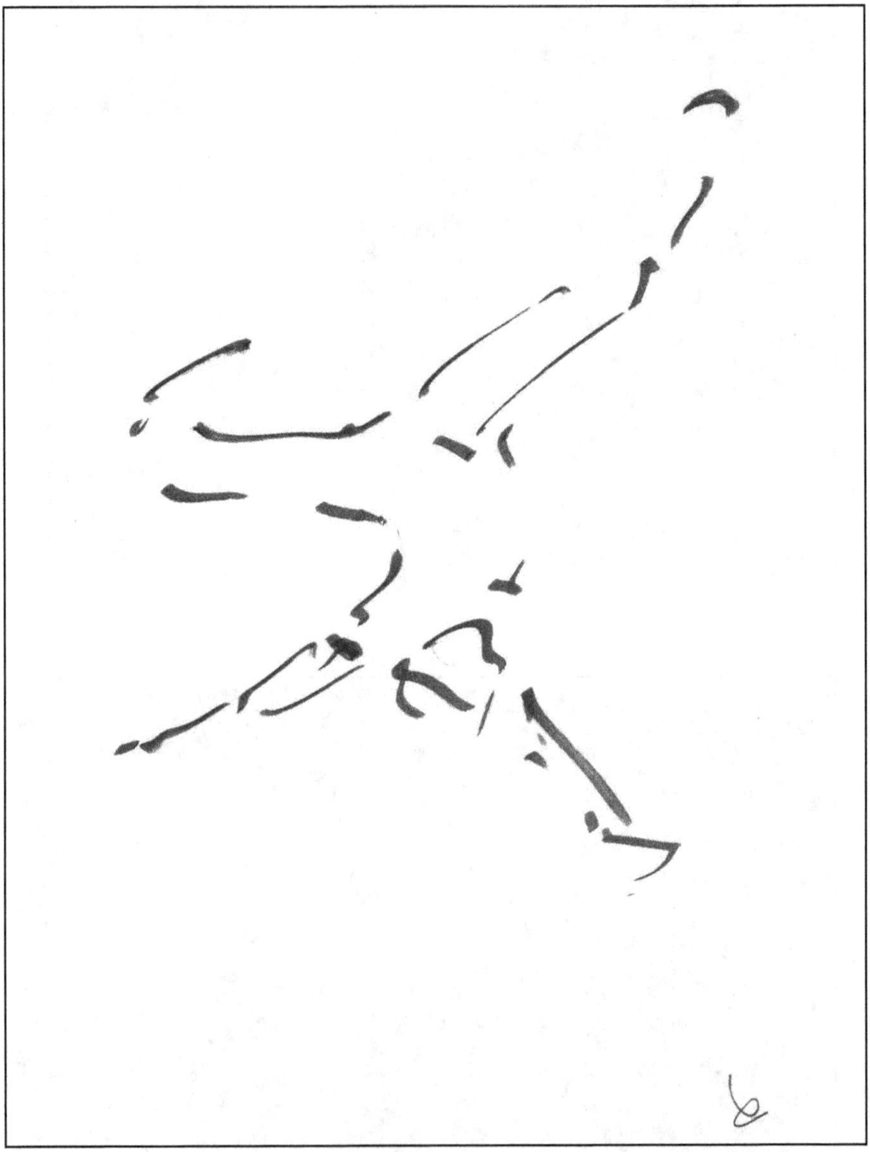

Danseur 3 de Hip Hop dans la rue. 24.04.2013. Croquis sur le vif. Feutre à tête plate sur papier blanc ordinaire A4 80gr. Xavier Bolot. Ce dessin n'est ni une photo ni une succession d'immobilités.

Danseur 4 de Hip Hop dans la rue. 24.04.2013. Croquis sur le vif. Feutre à tête plate sur papier blanc ordinaire A4 80gr. Xavier Bolot. Ce dessin n'est ni une photo ni une succession d'immobilités.

Epilogue

1 Décloisonner la pensée

Le prodige est que la musique existe dans sa précision évasive.
La musique n'explique pas, elle dit le monde, elle est jubilatoire, elle nous implique. Elle est par sa seule existence la preuve que nous accédons au monde sans la parole. Pour Clément Rosset seule la musique nous permet d'accepter le monde.

Si nous pouvons en effet à un moment donné nous trouver sous l'emprise dominante d'une émotion particulière, notre vie est cependant faite d'émotions multisensorielles que notre cerveau et notre corps traitent en parallèle pour poursuivre l'action.

La parole n'est que l'instrument de communication d'une tribu qui éprouve le besoin pour survivre de s'organiser, et de ce fait de construire un centre nerveux qui détiendra le pouvoir.
La parole est polysémique, la phrase rituelle déclenche l'obéissance, confirmant le geste et le regard.

Notre corps est une réalité physique du monde, il est immergé dans le monde matériel d'où émergent des comportements, la pensée et l'action.

Tous ces phénomènes travaillent en interaction permanente et forment un tout vital.
Certains sages l'avaient compris.
Juvénal préconisait « Un esprit sain dans un corps sain. »
(Satires, X356).
Spinoza écrit dans l'Ethique « Une idée qui exclut l'existence de notre corps ne peut se trouver dans notre Esprit, mais lui est contraire. »
(Ethique, III de la nature des affects, proposition X).

L'idéologie abstraite de la vérité et sa cohorte de destructions sacrées n'ont existé que pour satisfaire des pulsions primitives de pouvoir.

2 *Que devient l'art ?*

L'art contemporain est composé de multiples courants très divers portés par de très nombreux artistes innovants et courageux.
Les institutions au pouvoir, par ignorance et conservatisme, n'en reconnaissent que quelques uns. Citons principalement l'art commercial et l'art conceptuel.

L'art commercial gère des placements financiers mobiliers qui échappent aux impôts, une organisation de cotation des objets marchands permettant de garantir les placements. Peu importe l'objet.

L'art conceptuel est un autre phénomène, né au début du XXème, sur l'idée que tout objet peut être un objet d'art pourvu qu'on sache l'affirmer brillamment. C'est l'art d'une folie ordinaire.
Ce mouvement qui se veut d'avant-garde, depuis cent ans, est pétrifié depuis longtemps, handicapé de naissance, privé de ses sens, réinventant la Lune, ignorant les déplacements conceptuels déjà inventés il y a 7000 ans par les comptables de Sumer lorsqu'ils inventèrent les premiers bouliers.
Content de lui, l'art conceptuel a pour objet de justifier aujourd'hui en France la rémunération de fonctionnaires qui ne prennent aucun risque, aux frais de la Nation, et dont le principal souci est de survivre en faisant illusion.
Il est temps de remiser Diafoirus.
Les artistes du courant conceptuel n'ont toujours pas compris les concepts introduits il y a un siècle par les physiciens et tentent de singer un monde qui explose d'énergie autour d'eux.
Perdus, ils se réfugient dans le discours et la dérision.
Etrangers au monde, ils sont incapables de mobiliser leur corps.
Les expositions officielles d'art contemporain à tendance conceptuelle sont trop souvent sinistres, ennuyeuses, privées d'imagination et de joie de vivre, resservant les mêmes clichés.
Malheureusement certaines écoles d'art accordent encore une part démesurée au courant conceptuel. Bien qu'elles comptent de brillants enseignants et de jeunes artistes actifs, de nombreux professeurs se répandent dans l'amateurisme et ne savent d'excellence ni dessiner, ni peindre, ni jouer d'un instrument de musique, ni déclamer, ni danser, ni utiliser les techniques électroniques, informatiques,

photographiques, cinématographiques, ni sculpter, ni manipuler la terre, ni la faire cuire. Ils en sont réduits à faire des discours sur l'absence d'œuvre, mais leurs galimatias ne leur permettent pas de publier d'écrits à la hauteur de leurs prétentions hégémoniques.

La France a laissé partir aux USA au début du XXème les œuvres des impressionnistes. Hantée par ce regret, la France, en la personne de Jack Lang, a créé en 1982 les FRAC pour sauver les nouveaux éventuels chefs d'œuvre français, mais, n'ayant pas grand-chose à stocker, nous avons assisté à la constitution opaque d'un bric-à-brac d'œuvres conceptuelles qui se couvrent de poussière dans le désintérêt général. Le système est incapable de se réformer. Nous sommes passés en 1970 d'un académisme à l'autre, d'une vision classique de corps stéréotypés à une vision conceptuelle platonicienne pudibonde et désincarnée du corps. D'autres capitales dans le monde prennent le relais d'un bouillonnement culturel divers et créateur.

Des groupes de chercheurs travaillent à changer cette situation.
Ils ne font pas partie bien entendu d'écoles désuètes, de doctes institutions officielles vermoulues de l'intérieur et lézardées sous les coups de l'évolution de l'extérieur.
Ils s'introduisent dans les fissures des murailles obscurantistes pour accélérer leur chute inéluctable et proposer de nouveaux types d'apprentissage.
De nouvelles approches sont examinées, par exemple, en France au GREAS, Groupe de Recherche Ecoformation Artistique et Société, dans les cadre du CEAQ, Centre d'Etudes sur l'Actuel et le Quotidien, Université René Descartes - Sorbonne Paris V, ou bien à Montpellier, à Grenoble, mais aussi en Espagne à Grenade, au Brésil à Rio et dans l'ensemble du pays, ou encore au Canada anglais.

Aucune pensée ne peut être cohérente sans une prise en compte équilibrée des trois aspects de la réalité physique, perçue et représentée.
Aucun art ne peut être maîtrisé si le corps ne peut assumer les gestes nécessaires à ses créations.
Un effort de culture pluridisciplinaire et d'expertise dans au moins un domaine des sciences doit être entrepris pour former des artistes au contact de la vie et les intégrer aux acteurs du siècle.

Nos jeunes artistes doivent parallèlement apprendre à habiter leur corps, à l'écouter, à écouter le monde, à vivre en symbiose avec lui.
Alors ils auront la capacité de travailler à la compréhension du monde, de la cellule biologique aux galaxies, à la recherche de leur propre cohérence.
Immergés dans le monde ils pourront, avec l'aide du hasard, apporter leur contribution à la création humaine.

ANNEXES

1 Les limites de la logique

Nous nous rendons compte dans la vie courante des limites de l'efficacité de la logique pour diriger notre vie ou bien tout simplement survivre.
Lorsque nous sommes soudain face à un nouveau visage, nous n'avons pas de dossier contenant une interview, un curriculum, une graphologie, un casier judiciaire, un arbre généalogique, toutes choses qui rassureraient un employeur.
Je dois bien, dans ce cas, réagir comme je le sens et me fier ainsi à mon meilleur guide que j'appelle mon intuition.

Lorsque nous voulons être certains de notre droit civil, nous nous plongeons dans les petits Dalloz, qui ne sont plus du tout petits puisqu'ils ont quadruplé de volume entre 1970 et 2010.
Les renvois d'articles amendés en articles supprimés et nouveaux en font une jungle complexe dans toutes les branches du droit. En droit du travail nous aboutissons à des incohérences telles que pour le travail en grande surface du dimanche un arrêt de la Cour d'Appel de 2013 est ouvertement contesté par tous les citoyens concernés, les travailleurs, les patrons et les clients.
Cette incohérence de la logique est inévitable partant du fait que la logique, de lobby en lobby, est toujours celle du plus fort.

Dans le domaine des sciences dites dures, les physiciens de la physique de la matière ont découvert que les corps radioactifs, mais aussi une grande quantité d'éléments, ont un comportement électromagnétique aléatoire, c'est-à-dire relevant du domaine du calcul de probabilités.
Cela est déroutant car nous croyons ne pas avoir affaire à ce type de phénomène dans la vie courante, bien que, si nous y réfléchissons nous découvrons aussi, comme Darwin, qu'à l'échelle macroscopique le hasard est roi.

Ce débat a été aussi celui de Einstein et de Bohr, le premier soutenant la vision d'un monde déterministe lorsque le second constatait que le hasard est partout.
Dans notre culture occidentale, nombreux sont ceux qui ne veulent pas perdre leurs repères traditionnels. Souvent nous voulons croire encore que le monde est déterminé, cela nous rassure et nous permet d'anticiper en pariant sur un déroulement extrapolable des évènements.
Schrödinger a tenté d'expliquer ce malentendu à l'aide d'un conte de fées, celui du chat en univers quantique.
Mais nous verrons que nous n'aboutissons qu'aux contradictions de notre propre logique.

2 Le chat de Schrödinger

Schrödinger imagine l'expérience du chat en 1935 pour illustrer les difficultés apportées par le concept probabiliste introduit en mécanique dite quantique. Nous sommes au début de l'aventure quantique.
La mécanique quantique décrit le monde probabiliste de la matière à l'échelle microscopique. L'expérimentation physique confirme de façon incontestable aujourd'hui cet aspect de la matière.

En mécanique quantique, le monde microscopique est décrit en termes de probabilités et le déterminisme classique n'existe plus. On ne peut plus parler de la position d'une particule, mais seulement de sa probabilité de se trouver en un endroit donné. Ce concept est plutôt étrange, en tout cas très éloigné de notre expérience de la vie quotidienne, quoique nous sentions bien dans les évènements quotidiens la présence permanente du hasard : nous jouons au loto, nous rencontrons dans la rue un ami que nous ne nous attendions pas à voir, nous apprenons qu'il y a eu un accident, un tremblement de terre, qu'un athlète a gagné son titre de champion du monde à un centième

de seconde près, qu'une peinture a dégagé aux enchères une somme inattendue et faramineuse. De plus, au quotidien, nous utilisons des appareils électroniques fonctionnant avec des matériaux dont nous connaissons le comportement aléatoire.
La question se pose donc de savoir si l'indéterminisme qui régit le monde microscopique peut aussi régir le monde macroscopique.

S'il est possible d'admettre que le monde microscopique est régi par les lois quantiques, cela semble plus difficile lorsque l'on parle de la vie de tous les jours. Où se tient l'incohérence ? L'expérience mentale de Schrödinger a justement été imaginée pour faire surgir l'indéterminisme microscopique dans le monde macroscopique de notre vie quotidienne.
L'idée de Schrödinger consiste à placer un chat dans une boîte fermée, n'importe quel animal pouvant faire l'affaire puisqu'il s'agit d'une expérience de pensée.
Cette boîte est pourvue d'un système destiné à tuer le chat. Ce système est constitué d'un flacon de poison, d'une petite quantité de matière radioactive et d'un compteur Geiger. Lorsque la première désintégration d'un noyau radioactif se produit, le compteur Geiger réagit en déclenchant un mécanisme qui casse le flacon et libère le poison mortel. Ainsi, la désintégration d'un noyau radioactif, un processus microscopique, se traduit par la mort du chat, un événement macroscopique.

La désintégration d'un noyau radioactif est un processus purement quantique qui se décrit en termes de probabilités. Il est impossible de prévoir quel noyau se transformera en premier ou bien quand la première désintégration se produira. La seule chose que nous puissions calculer est la probabilité qu'un certain nombre de noyaux se soit désintégré après un temps donné. Choisissons une substance radioactive telle qu'après cinq minutes il y a 50 pour cent de chances qu'un noyau se soit désintégré et 50 pour cent de chances que rien ne se soit produit.
Fermons donc la boîte et patientons pendant cinq minutes. Puisque la désintégration radioactive s'exprime en termes de probabilités, le sort du chat ne peut être décrit qu'en termes similaires. Après cinq minutes, il y a donc 50 pour cent de chances que le chat soit mort et 50 pour cent de chances qu'il soit vivant.

En mécanique quantique, le chat n'est alors ni mort, ni vivant.
Image poétique et fantasmatique.

Ce n'est que lorsque nous ouvrirons finalement la boîte que l'un des deux états possibles deviendra la « réalité » . Le chat sera alors soit vivant, soit mort.

Il est possible d'imaginer qu'une particule se trouve dans une incertitude d'état, chacun affecté d'une certaine probabilité, puisque personne ne voit pour une particule quelles conséquences cela implique à l'échelle microscopique qui n'est pas la notre. Ceci devient en revanche très difficile lorsque l'on considère un objet macroscopique comme le chat en question. L'idée d'un animal ni mort ni vivant, mais dans une incertitude d'état est plutôt difficile à accepter bien que, par exemple, certains croyants s'imaginent que leurs morts continuent à veiller sur eux.

Revenons sur Terre. En fait, en ouvrant la boîte, nous passons de l'imaginé au vécu, du représenté au perçu.
Les seuls raisonnements logiques n'ont aucune chance de lever le paradoxe en restant dans le monde rationnel imaginaire représenté.
En voulant par la pensée connaître l'état du chat, le chercheur anticipe l'heure à laquelle la boîte sera ouverte, comprime le temps. Ainsi, comme le faisait remarquer Bergson dans son *Essai sur les données immédiates de la conscience*, le scientifique confond passé, présent et futur, et par là quantité et qualité.

Comme le souligne le physicien Jean-Pierre Cohen-Addad,
« Il est aujourd'hui absurde de vouloir transposer la physique submicroscopique à notre échelle macroscopique. Certains ont l'esprit resté figé dans la mécanique classique et son déterminisme en l'absence de frottements. Le passage de la physique classique à la physique quantique s'opère naturellement lorsque les nombres quantiques deviennent très grands conduisant à une continuité qui ne nécessite plus de quantification. Les résultats de la mécanique quantique sont bien vérifiés à l'échelle macroscopique et l'IRM paraît bien utile dans le monde médical. »

3 Les trois réalités de la communication

En psychologie appliquée, l'Analyse Transactionnelle a tenté de décrire la nature des transactions parlées entre deux personnes.
Le fondateur en est Eric Berne de l'Université Mac Gill à Montréal au Québec. Depuis de très nombreux ouvrages ont paru dans le monde sur ce thème et de très nombreux séminaires ont été suivis par des personnels d'encadrement d'entreprises pour améliorer le niveau de communication des équipes au travail.
Ensuite la gestuologie s'est intéressée aux transactions gestuelles et corporelles conscientes et inconscientes entre les individus.
De quoi s'agit-il ?
L'idée de l'Analyse Transactionnelle consiste à dire que chacun de nous est constitué de trois personnes l'Enfant, l'Adulte et le Parent.

L'Enfant ressent les émotions, se réfugie, agresse, a envie de rire, de pleurer, demande de l'aide, ou prétend tout régenter. Il est sur Terre en ce sens qu'il ressent dans son corps les émotions qui traversent son corps et qui déclenchent chez lui une prise de conscience de scénario qu'il n'arrive pas toujours à situer, ne s'étant pas encore forgé un système d'explication du monde cohérent à ses yeux.

Le Parent représente l'autorité, la tradition, les coutumes, les repères, les « on doit faire comme cela », la morale, les principes gravés dans notre mémoire par la société familiale ou élargie, les « si tu ne veux pas avoir de problème », les « ne fait pas cela », « arrive à l'heure », « attention ».

L'Adulte parle comme un ordinateur, ne considère que les faits concrets purs et simples, sur un terrain solide, et, à partir de là, recherche des solutions équilibrées.

L'intérêt de cette distinction des trois êtres psychologiques qui constituent une personnalité est de faire comprendre facilement pourquoi une conversation peut s'enliser quand deux personnes sont face à face et inversement à quelles conditions une conversation permet de surmonter les différents pour construire une plate forme d'entente. Nous sommes donc au cœur de l'étude du lien social.

Si les deux personnages endossent le costume des Parents il y a de fortes chances d'entendre par exemple une conversation du type :
« Mon bon Monsieur, vous comprenez bien qu'aujourd'hui c'est devenu impossible ! », l'autre lui répondant : « C'est bien vrai, tout fout le camp ! », etc.

Si les personnages endossent tous les deux l'attitude de l'Enfant, on peut obtenir des scénarios divers qui aboutiront tous à rester dans le monde de l'enfance :
« C'est mon jouet. »
« Ben moi je joue avec. »

Si les deux Adultes parlent, on peut assister à une transaction équitable.
« Ceci contre cela. »
« Quand ? »
« A cette date. »
« Bien. »

Ces transactions sont horizontales lorsque l'Enfant s'adresse à l'Enfant, l'Adulte à l'Adulte, le Parent au Parent.
Mais il existe des chaines d'échanges croisés Parent Enfant, Adulte Parent, Adulte Enfant, Parent Adulte, etc., le partenaire choisissant à chaque étape le niveau de réponse Parent, Adulte, Enfant, auquel il veut réagir.

L'Analyse Transactionnelle peut aussi apparaitre comme un outil redoutable entre les mains d'un manipulateur.
Un Adulte peut en effet s'adresser à l'Enfant de l'Autre pour le manipuler, à moins que l'Autre ne change de registre pour parler en tant que Parent ou Adulte.

Il est très instructif de suivre les niveaux des conversations en suivant les points de départ et les points d'arrivée Parent, Enfant, Adulte de chacun des interlocuteurs.

L'Enfant, l'Adulte et le Parent peuvent être vus comme correspondant à des niveaux de développement de la personne qui se construit par strates successives.

Or
l'Enfant est d'abord sensible, percevant,
l'Adulte est celui qui s'intéresse aux faits du monde physique pour aboutir à une solution matérielle, pour survivre dans l'action,
le Parent est le représentant de la morale surplombante, de la mémoire et de l'expérience, du monde représenté.

Chacun est constitué de plusieurs Moi.
Cependant la communication sera équilibrée et productive lorsqu'auront été pris en compte les trois aspects :
sensible - perçu,
physique - objet de mon action,
représenté – imaginé.

Pour aller plus loin

Sciences

Aglioti, Salvatore, DeSouza, Joseph FX, Goodale, Melvyn A, *Size-constrat illusions deceive eye but not the hand*, Current Biology vol.5 N 6, p 679-685, Cell Press, 30.6.95.
Aristote, *Physique,* Flammarion, 1999.
Aristarque de Samos, voir Thomas L. Heath, *Aristarchus of Samos – The Ancient Copernicus, A history of Greek astronomy to Aristarchus together with Aristarchus, treatise on the sizes and distances of the sun and moon, a new Greek text with translation and notes*, Oxford University Press, 1913.
Averroès, cf Benmaklouf, Ali, *Averroès*, Lib Académique Perrin, 2009.
Bayes, Thomas, voir Dale, Andrew, I., *A theory of Inverse Probability*, Springer, 1999.
Ben-Jacob, Eschel, Levine, Herbert, *Des fleurs de bactéries*, Pour la Science, dossier 44.
Berthoz Alain, L*e Sens du mouvement*, Odile Jacob, 1997.
Berthoz Alain, *La décision*, Odile Jacob, 2003.
Bolot Xavier, *Dessiner en perspective réelle*, L'Harmattan, 2006.
Bolot Xavier, *La lumière neutre*, L'Harmattan, 2009.
Bolot Xavier, *Comment représenter l'action*, L'Harmattan, 2012.
Boole, George, voir Claude, D., Permingeat, N., *Algèbre de Boole*, Masson, 1998.
Borh Niels, *Physique atomique et connaissance humaine*, Gauthier-Villars, 1961.
Chaline Jean, Marchand, Didier, *Les merveilles de l'évolution*, Editions Universitaires de Dijon. 2002.
Cohen, L., Dehaene, S., Naccache, L., Dehaene- Lambertz, G., Henaff, M-A., Michel, F., 2000, *The visual word form area: spatial and temporal characterisation of an initial stage of reading in normal subjects and posterior split-brain patients*, Brain 123 (Pt2), p.291-307.
Cohen-Addad, J.P., *Polymères, La matière plastique*, Belin, 2007.
Connes, A., *Géométrie non commutative*, InterEditions, 1990.
Cuvier Georges, *Discours sur les révolutions de la surface du globe et sur les changements qu'elles ont produits dans le règne animal,* Christian Bourgeois, 1985.

Damasio, Antonio, *Le Sentiment même de soi : corps, émotions, conscience*, Odile Jacob, 1999.
Damasio, Antonio, *Spinoza avait raison,* Odile Jacob, 2005.
Dantzer Robert, *Les Emotions*, PUF, *Que sais-je ?*, 1993.
Darwin Charles, *De l'origine des espèces au moyen de la sélection naturelle ou la lutte pour l'existence,* F. Maspero, 1980.
de Duve Christian, *Construire une cellule : Essai sur la nature et l'origine de la vie,* Bruxelles, De Boeck-Wesmael, 1990.
Démocrite, voir Salem, Jean, *Les Atomistes de l'antiquité*, Flammarion, 2013.
Euclide, *Les Eléments*, PUF, 1994.
Felleman, D.J., Van Essen, D.C., *Distributed hierarchical processing in the primate cerebral cortex*, Cerebral Cortex, 1:1-47, 1991.
Fodor, Jerry A. (1983). *Modularity of Mind: An Essay on Faculty Psychology*. Cambridge, Mass.: MIT Press.
Gazzaniga, M. S., *Principles of human brain organisation derived from split brain studies*, Neuron 14: 217-228, 1995.
Gödel, voir Smullyan, Raymond, *Les théorèmes d'incomplétude de Gödel*, Dunod, 2000.
Haley Jay, *Un thérapeute hors du commun* : *Milton Erickson*, Declée. Brouwer, Paris, 1984.
Helmholtz, Hermann von, *Théorie physiologique de la musique fondée sur l'étude des sensations auditives*, Ulan Press, 2012.
Hess, Eckhard H.; *The role of pupil size*, Scientific American, April, 1965.
Hess, Eckhard H.; *The tell-tale eye*, Van Nost.Reinhold, U.S., 1975.
Klingler, Cécile, Filloux Alain, Lazdunski, Andrée, *Les biofilms, forteresses bactériennes*, La Recherche, sept 2005.
Kupiec Jean-Jacques, Sonigo Pierre , *Ni Dieu ni gène, pour une autre théorie de l'hérédité,* Paris, Seuil, 2000.
Lai, Sandra, INRS, *La vie sociale des bactéries*, ACFAS 2007.
Laroche S. and Davis S. Jones M.W., Errington M.L., French P.J., Fine A., Bliss T.V.P., Garel S., Charnay P., Bozon B., *A requirement for the immediate early gene Zif268 in the expression of late LTP and the consolidation of long-term memories*. Nature Neurosci., 4: 289-296, 2001.
Lavoisier, voir Querel, Alain, *Antoine Laurent de Lavoisier*, Anovi, 2009.
Lewin Benjamin, *Gènes,* Flammarion 1992.
Margulis, Lynn and Dorion, Sagan, *Slanted Truths: Essays on Gaia, Symbiosis, and Evolution,* Copernicus Books, 1997.
Miller Stanley L.*« A production of amino acids under possible primitive earth conditions »,* Science, vol. 117, no 3046, 1953, p. 528-529.

Monod Jacques, *Le hasard et la nécessité*, Seuil, 1970.
Naccache, Lionel, *Perdons-nous connaissance ?* Odile Jacob, 2010.
Naccache, Lionel, *Le nouvel inconscient : Freud, Christophe Colomb des neurosciences*, Odile Jacob, 2006.
Ninio, Jacques, *La science des illusions*, Odile Jacob, 1998.
Prigogine Ilya, *L'homme devant l'incertain,* Odile Jacob, 2001.
Pythagore, *Les vers d'or*, Adyar, 1998.
Riemann, G.B.F., *Uber die Hypothesen, welche der Geometrie zu Grunde liegen*, Dover, NewYork, 1953.
Shannon E.Claude, *A mathematical theory of communication,* Bell System Technical Journal, vol. 27, p. 379-423 and 623-656, July and October, 1948.
Sutherland John D., Powner Matthew W., Gerland, Béatrice, *Synthesis of activated pyrimidine ribonucleotides in prebiotically plausible conditions*, Nature 459, 239-242 (14 May 2009).
Titchener, E.B., *Experimental psychology: A manual of laboratory practice.* (Vol. 1) New York, NY: MacMillan & Co., 1902.
Ungerleider, L., Mishk, M, *Advances in the analysis of visual behavior,* D. Ingle, M.A. Goodale, R. Mansfield, Boston, MIT Press, p. 549, 1982.
Verstichel, Patrick, Cambier, Jean, *Le cerveau réconcilié, précis de neurologie cognitive,* Masson, 1998.
Weiskrantz, Lawrence, *Blindsight. A case study and implications,* Oxford University Press, 2000.
Whalen, Paul J., et al., *Human amygdalia responsibility to mask fearful eye whites,* Science, 306 (5704), p 2061,2004.

Philosophie et société

Anaxagore, voir Curd, Patricia, *Anaxagoras of Clazomenae Fragments and Testimonia*, University of Toronto Press, 2007.
Anouilh, Jean, *Becket ou l'honneur de Dieu*, Poche, 1972.
Aristote, *Poétique,* PUF, 1990.
Aristote, *Métaphysique,* Flammarion, 2008.
Averroès, *Grand commentaire sur la métaphysique d'Aristote* (livre II, c.à.d. B), trad. L. Bauloye, Paris, Vrin, 2003
Bachelard, Gaston, *La philosophie du non : Essai d'une philosophie du nouvel esprit scientifique*. P.U.F. 1940.

Baudrillard, Jean, *Simulacres et simulation*, Galilée, 1981.
Baudrillard, Jean, Guillaume, Marc, *Figures de l'altérité*, Descartes et Cie, 1994.
Bergson H., *Essai sur les données immédiates de la conscience*, PUF, 1970.
Berne, Eric, *Analyse transactionnelle et psychothérapie*, Payot, 1971.
Dali, Salvador, *Google/ Salvador Dali Marché d'esclaves.*
Delaunay voir Schneider et Bernier, *Robert et Sonia Delaunay : naissance de l'art abstrait,* J.-C. Lattès, 1995.
Deleuze, Gilles, Guattari, Félix, *Qu'est-ce que la philosophie ?* , Les Editions de Minuit, 2005.
Deleuze, Gilles, *Différence et répétition*, PUF, 1968.
Derrida, Jacques, *L'écriture et la différence*, Seuil, 1967.
Durkheim, Emile, *Les règles de la méthode sociologique,* Flammarion, 1999.
Durkheim, Emile, *Les formes élémentaires de la vie religieuse,* PUF, 2008.
Eliade, Mircea, *Images et symboles*, essais sur le symbolisme magico-religieux, Gallimard, 1952.
Eliade, Mircea, *Traité d'histoire des religions*, Payot, Paris, 1964.
Ferry, Luc, *Apprendre à vivre-2, la sagesse des mythes*, J'ai Lu, 2009.
Foucault, Michel, *L'archéologie du savoir,* Paris, Gallimard, 1969.
Freud, Sigmund, *Psychopathologie de la vie quotidienne*, Payot, 2004.
Hegel G.W.F., *Phénoménologie de l'esprit*, Gallimard, 1993.
Heidegger, Martin, *Etre et temps*, Gallimard, 1986.
Heidegger, Martin, *Lettre sur l'humanisme*, Aubier, 1957.
Husserl, Edmund, *L'idée de la phénoménologie*, PUF, 2004.
Jousse, Marcel, *L'Anthropologie du geste*, Gallimard, 1974.
Kant, *Critique de la raison pure*, Flammarion, 2006.
Leviant, Isia, web : *michaelbach.de/ot/mot_enigma/*
Leviant, Isia, Exposition permanente Eurêka, Palais de la Découverte.
L'Ecclésiaste, *Illusion des illusions*, traduction Jean-Jacques Wahl, DDB, 2011.
Lyotard, Jean-François, *La phénoménologie*, Que sais-je ? , PUF, 1954.
Lyotard, Jean-François, *La condition postmoderne. Rapport sur le savoir,* Editions de Minuit, 1979.
Maffesoli, Michel, *Le temps des tribus*, Le Livre de Poche, 1988.
Maffesoli Michel, *Le réenchantement du monde*, Tempus Philo, Perrin, 2009.
Maffesoli Michel, *La crise est dans nos têtes*, Jacob-Duvernet, 2011.
Maffesoli Michel, *Homo eroticus*, CNRS Editions, 2012.

Merleau-Ponty Maurice, *La phénoménologie de la perception*, Gallimard, 1945.
Messinger, Joseph, *Ces gestes qui trahissent*, First, 2005.
Molière, *Le malade imaginaire*, Hachette, 1999.
Miquel, Paul-Antoine, *Comment penser le désordre* ? Fayard, 2000.
Nierenberg, Gérard, Calero, Henry, *Lisez dans vos adversaires à livre ouvert*, First, 1986.
Nietzsche, Friedrich, *La naissance de la tragédie*, Gallimard, 1967.
Nietzsche, Friedrich, *Le gai savoir*, Gallimard, 1967.
Onfray, Michel, *Contre histoire de la philosophie*, 12 CD Université Populaire de Caen, France Culture- Grasset.
Pastoureau, Michel. *Couleurs, images, symboles*, Le Léopard d'Or, 1993.
Pastoureau, Michel. *Dictionnaire des couleurs de notre temps, symbolique et société*, Bonneton, Paris, 1999.
Pastoureau, Michel, *Bleu, histoire d'une couleur*, Points, Seuil, 2000.
Penfield, Wilder, *The Mystery of the Mind: A Critical Study of Consciousness and the Human Brain,* Princeton University Press, 1975.
Pirandello, Luigi, Arnaud, Michel, *Comme tu me veux*, L'Arche, 1988.
Platon, *Oeuvres complètes*, Flammarion, 2011.
Plotin, L*es ennéades*, Nabu Press, 2010.
Rosset Clément, *L'Objet singulier*, Paris, Éditions de Minuit, 1979.
Sénèque, *Lettres à Lucilius*, Mille et Une Nuits, 2002.
Saint Augustin, *Les confessions*, Flammarion, 1993.
Simmel, Georg, *Philosophie de l'argent,* PUF, 2007.
Spinoza, Baruch, *L'éthique*, Gallimard, 1984.
Voltaire, *Candide ou l'optimisme*, Hachette, 2008.
Weber, Max, *L'éthique protestante et l'esprit du capitalisme*, Presses Pocket, 1991.
Varin, Dario, *Fenomeni di contrasto e diffusione cromatica nell'organizzazione del campo percettivo*, Libreria del Riacquisto, 1971.
Wittgenstein, Ludwig, *Le Cahier bleu et le cahier brun*, trad. Marc Goldberg et Jérôme Sackur, Gallimard, 1996.
Wittgenstein, Ludwig, *Recherches philosophiques*, trad. Françoise Dastur, Maurice Élie, Jean-Luc Gautero, Dominique Janicaud, Élisabeth Rigal, Gallimard, 2004.

L'HARMATTAN ITALIA
Via Degli Artisti 15; 10124 Torino

L'HARMATTAN HONGRIE
Könyvesbolt ; Kossuth L. u. 14-16
1053 Budapest

L'HARMATTAN KINSHASA
185, avenue Nyangwe
Commune de Lingwala
Kinshasa, R.D. Congo
(00243) 998697603 ou (00243) 999229662

L'HARMATTAN CONGO
67, av. E. P. Lumumba
Bât. – Congo Pharmacie (Bib. Nat.)
BP2874 Brazzaville
harmattan.congo@yahoo.fr

L'HARMATTAN GUINÉE
Almamya Rue KA 028, en face du restaurant Le Cèdre
OKB agency BP 3470 Conakry
(00224) 60 20 85 08
harmattanguinee@yahoo.fr

L'HARMATTAN CAMEROUN
BP 11486
Face à la SNI, immeuble Don Bosco
Yaoundé
(00237) 99 76 61 66
harmattancam@yahoo.fr

L'HARMATTAN CÔTE D'IVOIRE
Résidence Karl / cité des arts
Abidjan-Cocody 03 BP 1588 Abidjan 03
(00225) 05 77 87 31
etien_nda@yahoo.fr

L'HARMATTAN MAURITANIE
Espace El Kettab du livre francophone
N° 472 avenue du Palais des Congrès
BP 316 Nouakchott
(00222) 63 25 980

L'HARMATTAN SÉNÉGAL
« Villa Rose », rue de Diourbel X G, Point E
BP 45034 Dakar FANN
(00221) 33 825 98 58 / 77 242 25 08
senharmattan@gmail.com

L'HARMATTAN TOGO
1771, Bd du 13 janvier
BP 414 Lomé
Tél : 00 228 2201792
gerry@taama.net

Achevé d'imprimer par Corlet Numérique - 14110 Condé-sur-Noireau
N° d'Imprimeur : 106334 - Dépôt légal : mars 2014 - *Imprimé en France*

www.ingramcontent.com/pod-product-compliance
Lightning Source LLC
LaVergne TN
LVHW051353061026
849535LV00009B/3167